ちくま学

現代数学の考え方

イアン・スチュアート

芹沢正三 訳

筑摩書房

CONCEPTS OF MODERN MATHEMATICS
by Ian Stewart
© Joat Enterprises, 1975
Japanese translation published by arrangement
with Joat Enterprises c/o The Science Factory Limited
through The English Agency (Japan) Ltd.

本書をコピー、スキャニング等の方法により無許諾で複製することは、法令に規定された場合を除いて禁止されています。請負業者等の第三者によるデジタル化は一切認められていませんので、ご注意ください。

まえがき

 以前は，両親に子供の宿題の手伝いができたものだが，学校の算数の「現代化」が始まってから，これができなくなってしまった．そのためには，親たちは新しいたくさんの教材を勉強しなければならないのだが，その大部分は全くチンプンカンプンで，さっぱりわからない．かつて，私の友人の小学校の先生は，「子供たちは，お父さんやお母さんが勉強したような"本当の算数"を教えて下さい，としきりに言う」とこぼしていた．多くの先生方も，新しいスタイルの算数は，全くとらえにくいと言っている．
 これは，まことに困ったことだ．いわゆる「現代数学」の目的は今までのように数式をただ盲目的にあやつるのではなくて，それを本当に理解させようとするものなのだ．本当の数学者は，数をあやつる魔術師ではなく，概念の魔術師なのである．
 「現代数学」に対する不安感を取り除くこと，これがこの本の目的だ．知らないことに初めて出会ったときは，いつも不安があるものだが，それを除くための最良の方法は，この新しい概念がどのように働くのか，それを使うとどんなことができるのか，なぜそうなのか，などを知るこ

とだ．そうすると正体がわかってきて，安心する．この本は，「現代数学のハンドブック」ではない．現代数学の目的，方法，問題意識をやさしく説明したもので，いわば，数学者の道具箱の中身を見せようというのだ．

読者の予備知識としては，代数学，幾何学，3角関数などの極めて初歩の部分と，グラフの考え方が必要だ．それも，だいたいでよい．微積分は使わない（たまに使う箇所もあるが，そこは飛ばしてもよい）．

一番大切なことは，新しい考えを受け入れようとする柔軟な心と，わかろうとする気持ちだ．本当のところ，数学はそんなにやさしい代物ではない——すぐとりつけるものには，ろくなものはない——．しかし，数学は学ぶに値するものだ．それはわたしたちの文化の中枢である．そこには，勝利もあり，敗北もあり，悩みもあり，反省もあり，極めて人間的でもある．数学の考え方や働きに無知では，現代の教養人とはいえないだろう．

では，始めよう．

イアン・スチュアート

目　次

まえがき

1. 数学とは何か …………………………………… 11

    抽象化と一般化／直観と形式／図と絵

2. 図形の運動 …………………………………… 20

    ユークリッドをひっくり返す／運動に反対する意見／運動に対する改良／剛性／平行移動，回転，鏡映／ふたたび定理について

3. 高等算術入門 …………………………………… 41

    モデュラー算術／合同式／除法／2つの有名な定理

4. 集合の代数 …………………………………… 61

    空集合／部分集合／和集合と共通集合／補集合／集合論としての幾何学

5. 関　　数 …………………………………… 86

    公式について／もっと一般の関数／関数の性質／まとめ

6. 抽象代数入門 …………………………………… 101

    環と体／幾何学の作図への応用／ふたたび，合同について／複素数へのアプローチ／あるゲームへの応用

7. 対称性と群 …………………………………… 125

    群とは何か／部分群／同型／パターンの分類

8. 公理とは ………………………………………………… 145

   ユークリッドの公理／無矛盾性／モデル／ユークリッドの弁明／他の幾何学

9. 無限集合 ………………………………………………… 163

   無限算術／カーディナルの大小の比較／超越数

10. トポロジー ……………………………………………… 182

    位相同型／珍しい空間／つむじの定理

11. 間接的推理 ……………………………………………… 199

    ネットワーク／オイラーの公式／平面的でないネットワーク／いろいろな応用

12. 位相不変量 ……………………………………………… 216

    一般のオイラーの式／曲面を作る／標準曲面のオイラー標数／曲面の分類／命題 A の証明／命題 B の証明／球面上の地図の塗り分け

13. 代数的位相幾何学 ……………………………………… 235

    穴，道，ループ／ホモトピー／円の基本群／射影平面

14. 超空間へ ………………………………………………… 248

    多面体／4次元図形の図／断面を積み重ねる／24次元空間内の航海／拡張されたオイラーの公式／ふたたび代数的トポロジー

15. 線形代数 ………………………………………………… 267

    問題／幾何学的な見方／パターンのヒント／行列／抽象化

16. 実解析学 ……………………………………… 285

無限回の足し算／極限とは／完全性の公理／連続性／解析学における定理の証明

17. 確率論 …………………………………………… 304

組み合わせ確率論／集合を使うと／独立性／サイコロのパラドックス／2項確率／ランダム・ウォーク（ちどり足）

18. コンピュータ …………………………………… 319

2進法／ボールベアリング・コンピュータ／コンピュータの構造／プログラムを書く／コンピュータの役割

19. 現代数学の応用 ………………………………… 338

利益を最大にするには／8重理論／カタストロフィー理論

20. 数学の基礎 ……………………………………… 361

片面が黒い羊／2つの救済策／ヒルベルトのプログラム／ゲーデル数／ゲーデルの定理の証明／非決定性／エピローグ

注　釈　381
参考書　389
索　引　393

現代数学の考え方

1 数学とは何か
数学の特徴とその学び方

　学校で教える数学が，急に現代化され始めたのをみて，一般の人たちは，数学は，自分の進む道をコントロールできなくなってしまったのではないか，伝統的な考えをみんな捨ててしまったのか，そして誰も使い方がわからないような奇妙な作りものに取り換えてしまったのか，などといぶかるかもしれない．

　これは全くまちがった考えだ．よく考えてみれば，いま学校で教えている「新しい数学」は，昔からずっとあったものだ．他の学問でも同じだと思うが，数学の新しい概念は古いものが自然に発展したもので，時がたつにつれて，しっかり根をおろしてくる．ところが，学校では，たくさんの新しい概念を一度に，しかも以前のものとどんな関係があるかも教えずに，詰め込もうとすることが多い．

抽象化と一般化

　現代数学の最も主要な特徴は，だんだんと抽象的になっていくという点だ．共通な性質を持つたくさんの対象を1つの袋に入れてしまう．この方法を進めてたどりついたのが抽象数学であり，みかけは全くちがうようなたくさんの

対象に応用できる．

　たとえば，あとで説明する「群」という考えは，剛体の運動，図形の対称性，整数の加法の構造，位相空間の中の曲線の変形など，実にいろいろなものに応用できる．いまあげたような対象に共通な性質は，「2つのものを結合して他のものが作れる」という点だ．たとえば，2つの剛体運動を続けて行うと，別の1つの剛体運動を行ったのと同じことになる．2つの曲線の端どうしをつなぐと，別の1つの曲線になる．

　抽象化と一般化は，いつも手をたずさえてやってくる．一般化することの大きな利点は，それによって労力が節約できるということだ．同じ型の定理を，4通りのちがった場面でその度に証明するのは全くむだなことで，もっと一般的な状況で1回だけやればよい．

　現代数学のもう一つの特徴は，集合論の言葉を使うことだ．数学が一般化されるにつれて，特殊な個々の対象よりも，対象全体の集まりの方に関心が移っていく．$5=1+4$という式だけではどうということはないが，「$4n+1$という形の素数は，すべて2つの平方数の和である」というのは深い意味がある．というのは，これは個々の素数についてではなく，ある型のすべての素数の集合についての主張だからだ．

　集合とは，物の集まりそのものである．2つの数を加算，減算，乗算などの操作で結びつけて他の1つの数を作るように，2つの集合をいろいろな操作で結びつけて他

1 数学とは何か

の集合が作れる．算術の演算の理論を代数というが，これにならって集合の代数が作れる．

集合は，数よりも具体的なので，ずっと教えやすい．小さな子供に「ここに 3 という数がある」と言って見せることはできないが，3 つの菓子，3 つのピンポンボールならば，見せられる．これは，菓子の集合，ピンポンボールの集合を見せていることになる．数学であつかう集合は，数の集合とか関数の集合などで，具体的なものの集合ではないが，集合の演算は，第 4 章でくわしく述べるように，具体的なものを使って説明できる．

集合の理論は，算数よりも，数学にとってずっと基本的なものだ．もちろん，理論上で基本的なものが，教える出発点として必ずしも一番良いとは限らないが，現代数学を理解するためには，集合なしでは，すまされない．そこでこの本でも，第 4 章と第 5 章でこれを説明した．そして第 6 章からあとでは，集合論の用語を自由に使う（もちろん初歩的な部分だけだが）．しかし，集合論それ自身に振り回されてはいけない．それは数学を学ぶための言葉であって，それ自身が目的ではない．集合論は完全に理解したが，それ以外の数学は知らない，というのでは何の役にも立たない．数学はたくさん知っているが集合論は知らない，という人の方がずっとましだ．その上で，この人が集合論をちょっとでも勉強すれば，数学がもっともっとよくわかるようになると思う〔注 1.1〕．

直観と形式

　理論を一般的なものにしようとすると，論理の厳密さが要求されるようになる．かつては完全と思われていたユークリッドの『原論』も，今では「3角形の内部の点を通る直線は，必ずどれかの辺と交わる」という公理が抜けていることが指摘された．オイラーは「フリーハンドで勝手に描いた曲線」として関数を定義したが，関数を研究する数学者にとっては，これではあまりにあいまいだ．そこでオイラーのように言葉で定義することはやめて，論理的な記号と，記号論理の標準的なテクニックを使って証明を進める．しかしこの方法が行き過ぎると，理解を助けるよりもむしろ混乱を起こす．

　「論理を厳密にせよ」というのは決して気まぐれな要求ではない．対象が拡大され，複雑になっていくほど，ますます批判的な態度をとることが必要だ．社会学者がたくさんの観測データの意味を考えようとするときには，集め方をまちがえたデータや，結論が荒唐無稽となるようなデータは捨ててしまう．数学でも同じことだ．「明らかだ」と思っていたのが誤りであった例もたくさんある．面積がない図形もある．バナッハとタルスキーは，ある1つの円板を5つに分割してから並べかえて，もとと同じ大きさの2つの円板を作れることを示した．面積から考えると，こんなことは不可能なはずだが，これらの円板は実は面積がないのだった〔[40]を見よ〕．

　論理を厳密にすることは，微妙な状況をあつかうときに

誤りに陥る危険の防止策にもなる．多くの数学者が正しいと信じていた定理が，実は証明する必要があり，しかもその証明はできていない，ということが指摘されたこともある．その証明ができないうちは，この定理は1つの仮定でしかない．

論理について注意することがもう1つある．それは，あることが不可能であることの証明だ．ある方法では不可能でも，他の方法ならできることがある．だから，「これこれの条件のもとで」という指示に注意することが大切だ．「5次以上の代数方程式は根号を使って解くことはできない」〔注1.2〕，「一般の角は定木とコンパスで3等分することはできない」という証明がある．これは，長い間のむだな試みを止めさせるという点で，非常に重要な定理である．しかし，そうした試みが確かにむだだ，と言い切るためには，論理に十分注意しなくてはならない．

不可能性の証明こそ，数学の特徴だ．実際には，ある条件のもとで不可能であることを示しているだけなのだが，不可能だということが強く印象づけられてしまうらしく，一般の人たちは，どんな方法ならばできるか，を考えることを忘れてしまうことが多い．

もちろん，論理がすべてではない．論理を使えば問題は解決できるけれども，どの問題が試みる価値があるかは教えてくれない．重要さの程度をあらわす公式などはない．それを知るには，ある程度の経験と，言葉ではあらわしにくいものつまり直観を必要とする．

直観とは何か，を定義するのはむずかしい．それは「数学者（あるいは物理学者，技術者，詩人など）が信用しているもの」とでもいったらよいだろうか．直観によって対象を「感じる」ことができ，証明しないうちに，ある定理が正しいかどうかがわかる．そしてその「感じ」を基礎として，完全な証明を仕上げていく．

　誰でも，ある程度の数学的直観を持っている．はめ絵パズルを考えている小さな子供にも，それなりの直観はある．車のトランクにたくさんの荷物をうまく積み込もうとするときにも，数学的直観を働かせる．数学者となるための訓練の主な目的は，ただの直観を，自由にあやつれる道具に発展させることにある．

　直観と論理のどちらが大切か，という論争が繰り返されてきた．極端はいけない．コントロールされた直観と鋭い論理の両方の調和が大切だ．直観が全く働かなかった大天才もいるし，また，物事をきちんと整理するのにあまり忙しすぎて，かえって何もできなかった人もいる．とにかく，両極端はいけない．

図と絵

　これまで述べたのは，数学を構成あるいは創造するときの話だが，数学を教えるとき，あるいは学ぶときには，論理的なものよりも心理的なものの方が重要だ．論理的には立派だが，学生には全くわからないような講義もある．まず直観的な説明をしてから，それを形式的な論理でバック

アップするのがよい．直観的な説明によって，この定理がどうして正しいのか理解できる．論理は，それが本当に正しいことの基盤を与えるだけだ．

この本の説明は，直観に重点を置いている．形式的な証明よりも，むしろその底を流れているアイデアに注目する．この両方をうまくやろうとした本もあるが，成功していないようだ．

数学者の中で，式だけで考える人，式の中で直観を働かせる人は，おそらく10%位のものだろう．残りの数学者は図とイメージで考える．図は，言葉よりもずっと多くの情報を伝えてくれる．今まで子供たちは「図は厳密ではない」と言われて，なるべく使わないようにすすめられてきたかもしれないが，これはまちがいだ．確かに厳密ではないかもしれないが，本質的な考え方は，図の方がよくわかることが多いから，どんどん使った方がよい．

数学を学ぶ理由はたくさんある．この本を読もうとする程の人は，数学の存在意義について異議を申し立てることはないと思う．数学は美しいし，知性にとって快いし，さらに非常に役にも立つ．

この本で説明するトピックスのほとんどは，純粋数学から選んだ．純粋数学の目的は実用的な応用ではなく，知性の満足だ．この点で，数学は芸術に似ている．美術が何の役に立つか，などと問う人はほとんどいないだろう．とはいっても，数学には真偽の絶対的基準がある点は芸術とちがう．直接の実用を目的としないにもかかわらず，数学は

役に立つのだ．その例をあげよう．

19世紀の数学者は，波動方程式の研究に非常なエネルギーを注いだ．これは，弦あるいは流体の中に発生する波動をあらわす偏微分方程式だ．その起こりは物理学にあるが，問題そのものは純粋数学の分野であって，それを研究する人は，誰も現実の波動への応用などは考えてはいなかった．1864年にマクスウェルは，電磁現象を記述するいくつかの方程式を作り，これから波動方程式を導き，これによって電磁波の存在を予言した．1888年にはヘルツが，マクスウェルの予想を実験的に確かめ，実験室内で電波を発生させた．そしてついに1896年に，マルコーニは，最初の無線通信を行ったのだ．

この一連の事柄は，数学の役に立ち方を示す1つの典型的な例である．まず純粋数学者が，問題それ自身に興味を持って研究する．理論家はその結果を利用して応用理論を構成する．次に実験科学者は，その理論を実験で確かめる．最後に技術者が，現実の世界に利益をもたらすような形に実用化する．

原子力の発展，行列の理論，積分方程式の三者についても，これと同じような経過が見られる．

タイムスケールを考えてみよう．波動方程式からマルコーニまでは，約150年の経過がある．微分幾何学（相対性理論）から原子爆弾までは，約100年，行列の理論から経済学へのその応用までも，約100年であった．また，クーラン，ヒルベルトが積分方程式を数学研究のための有

用な道具として作り上げてから，それが量子力学に応用されるまで30年，その後の量子論の実際的な応用までは，さらに長い年月がかかった．したがって現代の数学が何世紀後に実際の役に立つかは，誰も予想することはできない．つまり，現在あまり役に立つとは思われない純粋数学も，100年後の物理学者がそれを必要とするようになるかもしれない．

　波動方程式，微分幾何学，行列の理論，積分方程式，これらはみな，それらが最初に研究され始めた頃にも，重要だと思われていた．数学は，おたがいにからみ合っており，ある分野の発展は，他の分野に影響する．そのうち，ある分野が「中心的」存在となり，そこに重要な問題が発生する．この中心問題を攻撃する途中で，全く新しい方法が発展する．後に，実際的応用に役に立つようになる数学は，この中心領域から生じる．

　数学的直観は勝利者だろうか．重要だとみなされない数学は，それが有用なことがわかるまでは発展しないものだろうか．私にはわからない．しかし，多くの数学者が共通につまらない，重要でないと考える分野は，実際の役に立たないことは，確かのようだ．見せかけだけの一般化は発展の見込みがない．

2 図形の運動
回転・折返し・平行移動の使い方

　幾何学は，人間の思考方法の中で，最も強力なものの1つだ．「百聞は一見に如かず」というが，幾何学での直観はほとんど視覚的なものだから，考え方の進んでいく様子を，目のあたりに見ることができる．たとえば，図1を見れば，ピタゴラスの定理が正しいことは，ほとんど説明する必要がない．

　さらに，図からひらめいた直観にちょっと手を加えれば，その定理が正しいという数学的証明に直せるし，しかも直観の裏付けがあるのだから，この証明には確信が持てる．

　多くの人たちがこれまで学んできた唯一の幾何学は，いわゆるユークリッド幾何だが，この幾何学では3角形の「合同」という概念を基にして，すべての幾何学的性質を

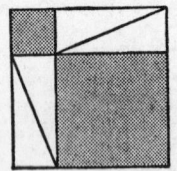 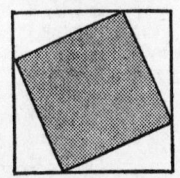

図1

それに帰着させていく，というやり方をした〔注2.1〕.

大きさも形も同じ2つの3角形は合同であるというが，この合同という概念は，全く直観的なものだ．定理を証明するときにむずかしいのは，証明のどのステップでどのように3角形の合同を使ったらよいか，ということだ．ユークリッド幾何で出会う最初のむずかしい定理では，23〜4ページで説明するように，その証明の中で，3角形の合同の考えが迷路のようにつながっている．

もちろん，ユークリッドがこのようなやり方で幾何学を構成したのには，それなりの理由がある．彼は，「厳密な論理的推論だけを使って，少数の単純な原理から幾何学全体を構成しよう」と考えた．ユークリッドの論理にはいくつかの欠陥があることが，後になってわかったのだが，この欠陥は直すことができる性質のものだ．しかし，大部分の子供たちは，どうして論理的証明が必要なのかがわからない．数学のどの段階でも，「論理的に厳密な」ということを煮詰めていくと，「うん，確かにそうだ」という確信と納得に落ち着いていくものだ．もちろん，専門の論理学者は，このような確信をたくさん持っている．見かけ上は実に確かだと思われる考え方の中にも，欠陥はあり得ること，したがって，外見だけから真偽を断定してはいけないことを教えるのが，数学教育の重要な目的の1つでもある．子供に幾何学を教える場合には，子供にもよく理解できるような証明を示すか，さもなければ，かれらの批判的能力を育てるために時間をかけるのがよい．つまり，直接

に幾何学を教えようとするよりも，論理を教える方が，あとのために役に立つ．

しかし，正しそうに見えるが実は全く誤りであるような証明を子供に示すと，逆効果がないではない．それを理解しようとする長い努力が，混乱と不信に終わるおそれもある．正しいことがあとで論理的に証明できるような定理を見せ，それが正しいことを子供が直観的に見抜けるような能力を養うことが必要だ．前に示したピタゴラスの定理の図解は，ちょうどそれだと思う．厳密な証明はできなくても，面積を比べてみればよい．

いいかえれば，証明は直観を反映するものでなければならない．

ユークリッドは，幾何学のすばらしい直観を持っていたにちがいない．さもなければ，あのような本（ユークリッド『原論（ストイケイア）』）はとても書けなかったろう〔注2.1〕．彼は，自分の直観的なアイデアを，そのまま正しく表現できる数学的手段を持っていなかったが，たいへんな天才だったので，合同というかざり物の中に，それをうまくはめ込んだのだろう．ところが，19世紀に始まった数学の発展によって，彼のアイデアを正しく表現できるような手段が手に入った．それによってユークリッドのアイデアは洗練され，学校教育の中に入ってきた．それは「変換の幾何学」あるいは「運動の幾何学」というタイトルで，現代数学のプログラムの中に入ってきている．それを，これからお話ししようと思う．

ユークリッドをひっくり返す

ユークリッドの本の中で出会う最初のむずかしい定理は,

「2 等辺 3 角形の 2 つの底角は等しい」

という定理である. 次に, ユークリッドが行った証明をあげておこう. いまの学校では, 底辺の中点をとって考えるが, ユークリッド自身はそうしなかった.

「線分には必ず中点がある」

という証明がまだなかったので, 中点という概念が使えなかったためであろう.

図 2 のように, AB と AC を延長して, AD＝AE のように D と E をとる. D と C, B と E を結ぶと

(1) △ACD と △ABE とは, 2 辺とその間の角が等しいから, 合同である.
(2) そこで, ∠ABE＝∠ACD

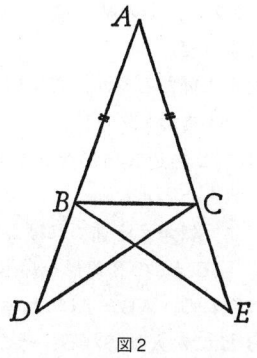

図 2

(3) また，DC＝EB
(4) △DBC と △ECB は，3辺が等しいから，合同である．
(5) そこで，∠DCB＝∠EBC
(6) (2)から(5)を引くと，∠ABC＝∠ACB

図3のような図を描いてみれば，この証明の進め方は，ずっとはっきりわかるだろう．

図3を見るとすぐわかることだが，すべてが右と左にペアになって出てくることがたいへんおもしろい．辺 AB は左に AC は右にあって等しい．△ACD は左に △ABE は右にあって，それらは合同である．同じように進んで，最後に，∠ABC は左に ∠ACB は右にあって，それらは等しい．これが証明すべきことであった．

そこで，次のようなヒントが自然に浮かんでくる．「左と右を交換してみよう．そうすればすべては明らかではないか」．その通りである．上の証明は，そのようなあつかいを示唆しているようだ．

どのようにしたらよいだろうか．答えは簡単だ．

「3角形を裏返せ！」

ボール紙を重ねて2等辺3角形を2つ切り抜いてから片方を裏返すと，きちっと重なる．そこで，実験してみるまでもなく，次のように考えを進めればよいだろう．

A をそのままにして，この3角形を裏返し，AC を AB に，AB を AC に重ねる．AB＝AC だから，B と C は重なる．つまり，B と C が入れ替わる．そこで，△ABC と

2 図形の運動　　025

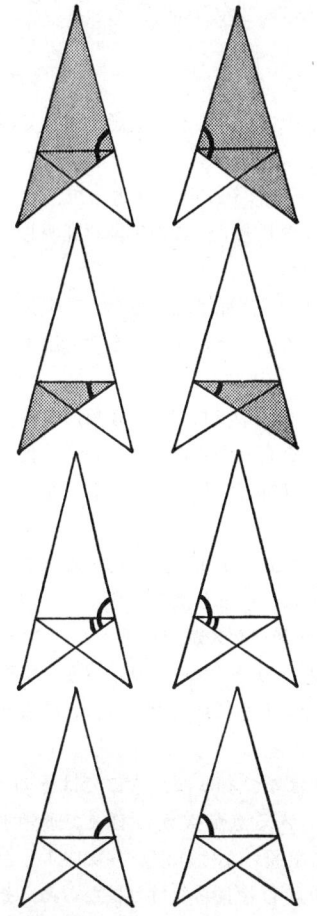

これら2つの3角形は合同だから, 同じ印の角は等しい.

そこで, 2つの3角形は合同で, 同じ印の角は等しい.

同じ印の角を比べてみよ.

……このようにして, 左の2つの角が等しいことがわかった.

図3

△ACB とは一致し，∠ABC＝∠ACB となる．

運動に反対する意見

ドジソンは，その著書の中に次のような会話をのせている．

> **ミノス**：この2等辺3角形をひっくり返して，もとの場所に置く，というやり方で，この定理を証明しようとする人がいるのだが．
>
> **ユークリッド**：それは全く馬鹿げたことだ．哲学論文集に名前を出したいために，そんなことを考え出すのだろう．
>
> **ミノス**：しかし，この方法の支持者は，3角形を持ち上げるときに，その跡をしっかり書いておいて，裏返したとき，その跡の上に置けばよいではないか，と言っている．

これは24ページでやったような証明法に対する抗議の1つだが，古代ギリシア人は，もっと深刻に考える．彼らにとっては，ゼノンのパラドックスがからんでくるので，運動は非常に疑わしいものなのだ．ユークリッドが，図形を動かす代わりに合同の考え方を採用したのは，このような理由からなのだろう．

ゼノンのパラドックスは4つあるが，ここではその1つをあげれば十分だろう．ある点がAからBまで運動するためには，その中点Cを通らなければならない．しかし，その前にAとCの中点Dを通らなければならぬ．そ

のためには……. このようにして, 運動は永遠に始まらぬ.

もちろん, 古代ギリシア人も, 3角形を裏返す証明法には気づいていたと思う. 現実世界では運動は確かに存在する. しかし, 経験に訴えるような方法は, 論理的には不完全と考えたのだ.

運動に対する改良

ゼノンのパラドックスはしばらく脇にのけておいて, 前の方法をちょっと整理してみよう.

ボール紙の3角形をひっくり返し, またもとに戻すという24ページの証明で, この途中に3角形がどこにあったかは, 問題にならないのだろうか. 3角形をはじいたり, 部屋の中でダンスさせたり, 電車で大阪まで持って行ってからバスで戻ってくる, といったようなことをしても, 結果は変わりないのだろうか.

実際, 最初の位置に戻りさえすれば, 途中の動き方は問題にならないことは明らかだ. 図形の各点が最終的にどの位置にいるかさえわかれば, 運動は定まる.

そこで運動を定めるために, まず, 平面上のすべての点にラベルを付ける. その方法はいろいろあるが, 普通は座標を使う. ユークリッド平面上に座標軸を定めて, 各点をその座標 (x, y) であらわすのだ.

話を簡単にするため, 軸の目盛り単位は cm とする. いま, 点 (x, y) を 5 cm だけ右に移動するとどうなるか.

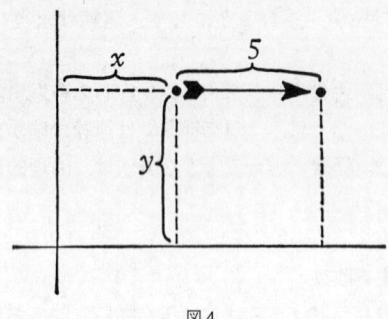

図4

　図4を見よう。y座標は変わらないが、x座標は5だけふえる。そこで、点(x,y)は点$(x+5,y)$に移る。

　実際には、点(x,y)が点$(x+5,y)$に動いたわけではない。初めに点(x,y)があり、あとで点$(x+5,y)$があるだけだ。しかし、移動したと考えた方がわかりやすい。$(1,1),(2,1),(1,4)$を頂点とする3角形は、点$(6,1),(7,1),(6,4)$を頂点とする3角形に移る（図5）。

　ここには2つの3角形がある。片方は他方の右5cmのところにある。そこで、1つの3角形から他の3角形に眼を移すと、実際には動いて行ったわけではないが、動いたのと同じ効果が見られる。このことを考えて、

$$(1,1) \longrightarrow (6,1)$$
$$(2,1) \longrightarrow (7,1)$$
$$(1,4) \longrightarrow (6,4)$$

のように、一般に

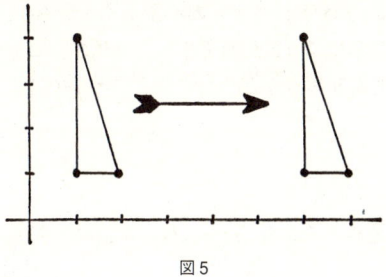

図5

$$(x, y) \longrightarrow (x+5, y)$$

のように書く．いま，「5cm だけ右の」という操作を T という記号であらわすと

$$T(1,1) = (6,1)$$

は「点 $(1,1)$ の5cm だけ右の点は $(6,1)$ である」という意味で，一般に

$$T(x,y) = (x+5, y) \qquad (*)$$

は「点 (x,y) の5cm だけ右の点は $(x+5,y)$ である」という意味だ．この記号 T は，「5cm だけ右へ動かせ」という指令だと考えてもよい．

この T は，「平面上の変換」とよばれる．平面上の各点 (x,y) に対してそれを移した点 $F(x,y)$ が定まれば，変換 F は定まる．（*）のように式で書ける場合もあるが，いつもそうとは限らない．どの運動にも変換 F：

$F(x,y) = ((x,y)$ で定められた点が動いていった点$)$

のような変換 F が対応する．変換は運動のアイデアから発生したものだが，表面的には運動が消え去っているの

で，ゼノンのパラドックスの心配もない．変換を導入した新しい数学では「3角形をひっくり返す」といった操作も，論理的な問題点などなしに行うことができるようになる．

剛　性

　変換と運動とを対応させてみることは，非常に教育的だ．たとえば，x 軸に関して折り返すという運動は，変換 G：

$$G(x,y) = (x, -y)$$

に対応し（図6），原点のまわりに右に 90° 回転させる運動には，変換 H：

$$H(x,y) = (y, -x)$$

が対応する（図7）．

　逆に，変換に対応する運動も求められる．たとえば

$$K(x,y) = (x+3, y-2)$$

に対応するのは，右へ 3 cm，下に 2 cm という運動である．もっとこみ入った変換を考えるときには，点を方眼紙にプロットしてみるとよい．たとえば

$$J(x,y) = (x^2, xy)$$

では，

$$J(1,1) = (1,1), \quad J(2,3) = (4,6), \quad \cdots$$

などを計算して方眼紙の上にプロットしてみれば，J は，$(1,1),(1,3),(3,1),(3,3)$ を頂点とする正方形を，図8の右に示したような形に移すことがわかる．つまりこの変換

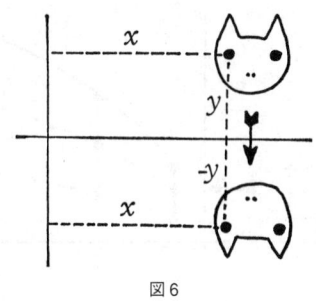

図6

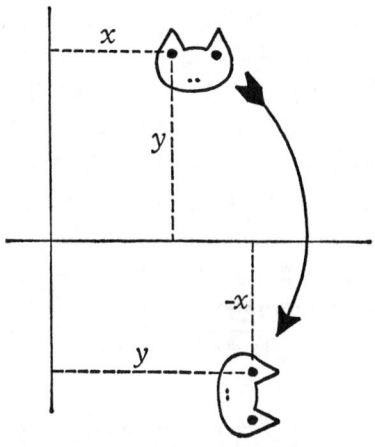

図7

J は，図形を伸ばして曲げてねじるようなことをする．こんなことをすると，3角形が変な形にも変わってしまうので，普通の幾何学ではこのような変換は使わない．

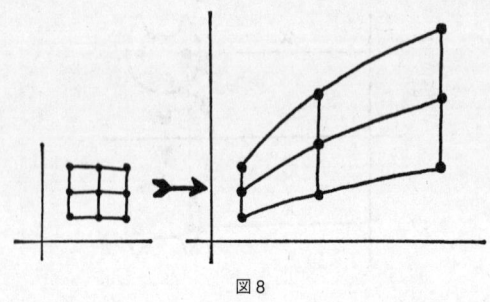

図8

　座標幾何学では「剛体運動」——形も大きさも変えない運動——に対応する変換が重要だ．3角形を裏返したときに，形や大きさが変わってしまうと，前に述べた2等辺3角形についての証明は，成り立たない．前の例で，G, H, K は剛体運動に対応するが，J はそうではない．

　剛体運動の特徴は，伸びも縮みもしないことだ．だから，どの2点間の距離も変わらない．座標を使って，代数的に表現してみよう．ピタゴラスの定理によって，2点 (x,y) と (u,v) の間の距離は
$$\sqrt{(x-u)^2+(y-v)^2}$$
である．そこで，
$$F(x,y) = (x',y')$$
$$F(u,v) = (u',v')$$
とすると，2点間の距離が変わらないことは
$$(x-u)^2+(y-v)^2 = (x'-u')^2+(y'-v')^2$$
とあらわせる．この方程式を満足する運動が剛体運動であ

る．この式を変形すると，剛体運動のもっと簡単な特徴付けができるが，それはこの本の程度を越えるので，ここではやらない．

平行移動，回転，鏡映

これから，3 種類の特別な剛体運動を研究しよう．

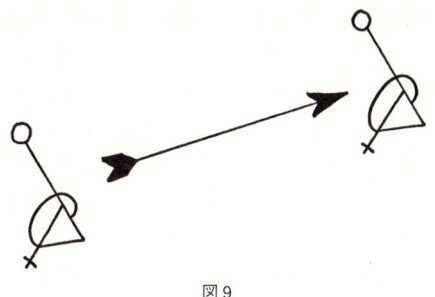

図 9

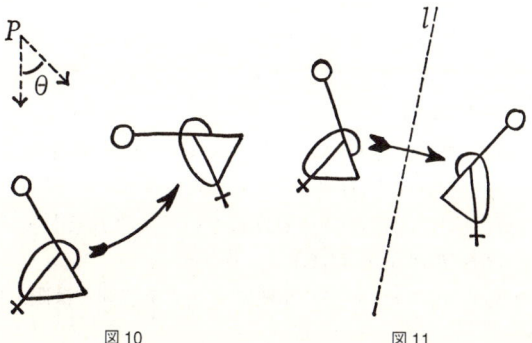

図 10 図 11

まず,すべての点を一定方向に一定距離だけ動かすのが「平行移動」だ(図9).

また,定点Pのまわりに,すべての点を一定角θだけ回転させるのが「回転」だ(図10).

そして,直線lを鏡のように考えて,すべての点をlの反対側に移す運動を「鏡映」という(図11).

座標幾何を使うと,これらの運動に対応する変換がすぐわかる.たとえば,原点のまわりの角θの回転Rは
$$R(x, y) = (x\cos\theta - y\sin\theta, x\sin\theta + y\cos\theta)$$
である.この式を使うと,直観的に認められる性質,たとえば,角ϕの回転に続いて角θの回転を行えば角$\phi+\theta$の回転となる,というようなことがチェックできる.

運動の中で特にこの3種だけを選び出したのには,理由がある.これらはどれも簡単な式であらわせ,しかも,平面上のどんな剛体運動も,この3種類の運動の合成としてあらわせる.図12で説明しよう.

(ⅰ) △ABCが剛体運動Uを行ったとする.

(ⅱ) まず,平行移動Tを行って,$T(A)$と$U(A)$を一致させる.

(ⅲ) 次に,点$U(A)$のまわりに回転Sを行って,$S(T(B))$を$U(B)$に一致させる.

(ⅳ) 次に直線$U(A)U(B)$について鏡映Rを行って,$R(S(T(C)))$を$U(C)$と一致させる.

もちろん,いつもこの3種のすべてを使うとは限らない.

2 図形の運動

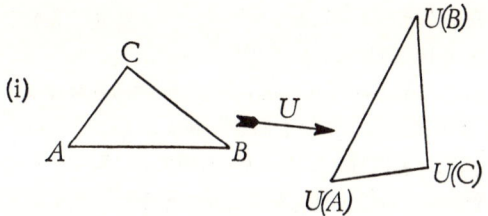

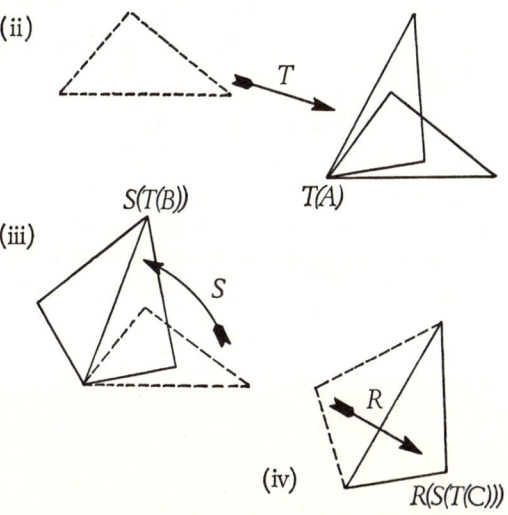

図 12

いまは3角形について説明したが，平面上の剛体運動は，3角形がどのように動くかによって1通りに決定するから，3角形だけについて考えればよい．

鏡映は，図形をひっくり返すときにだけあらわれる．異なった2直線についての2回の鏡映を考えよう．初めの鏡映で図形は裏返しとなり，次の鏡映で元に戻る．そこで2回の鏡映は，回転と平行移動の合成となる．

記号を使って整理すると，次のようになる．U をある剛体運動とすると，任意の点 $X = (x, y)$ に対して
$$U(X) = R(S(T(X))) \qquad (*)$$
となるような，鏡映 R, 回転 S, 平行移動 T が存在する（3つのうちのいくつかが欠けることもある）．もっと簡単な記号を導入する．2つの変換 E, F の積 EF を
$$EF(x, y) = E(F(x, y))$$
で定義する．E と F が剛体運動ならば，EF は「まず F, 次に E」という剛体運動である（順序に注意せよ．たとえば $\log \sin x$ はまず $\sin$, 次に $\log$ である）．

たとえば，剛体運動 G, H が
$$G(x, y) = (x, -y)$$
$$H(x, y) = (y, -x)$$
だとすると，
$$\begin{aligned} GH(x, y) &= G(H(x, y)) \\ &= G(y, -x) \\ &= (y, x) \end{aligned}$$
となる．

2 図形の運動

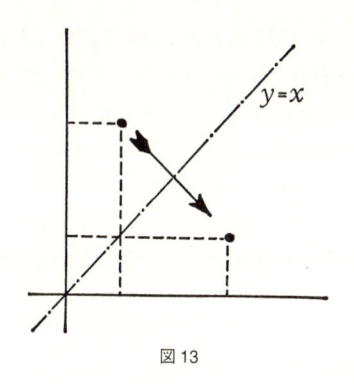

図13

　図を描いてみれば，GH は，直線 $y=x$ に関する鏡映であることがわかる（図13）．このような変換を D と書くと

$$GH(x,y) = D(x,y)$$

が，すべての x, y に対して成り立つから，

$$GH = D$$

と書いてもよいだろう．幾何学的に解釈すると，まず時計の針の方向に 90° 回転し，次に x 軸に関して鏡映した結果は，直線 $y=x$ に関して鏡映した結果と同じ，ということだ．実際にやってみれば，その通りであることがわかる．

　もしも GH ではなく，HG をやってみると，

$$\begin{aligned}HG(x,y) &= H(G(x,y))\\ &= H(x,-y)\\ &= (-y,-x)\end{aligned}$$

これは，別の対角線 $y=-x$ に関する鏡映に対応する．そこで，$GH \neq HG$ である．数の乗法とはちがうのだから，$GH = HG$ であるべきだ，という理由はない．

そこで前に戻って，36ページの式（＊）は
$$U = RST$$
と書ける．右辺を「積」と考えることによって，変換の「代数」が作れそうな気がする．その1つの方向は線形代数（第15章）で，もう1つの方向は群論（第7章）だ．

ふたたび定理について

2等辺3角形のことからちょっと寄り道をしてきたが，これで「裏返し証明法」の体裁をととのえる準備ができた．変換がよくあつかえるようになった人には，ほとんど説明はいらないと思うが，念のために書いておく．

$\angle BAC$ の2等分線に関する鏡映に対応する変換を T とする．剛体運動は距離も角の大きさも変えないから，
$$T(A) = A, \ T(B) = C, \ T(C) = B$$
そこで
$$T(\angle ABC) = \angle ACB$$
角の大きさは変わらないから
$$\angle ABC = \angle T(A)T(B)T(C) = \angle ACB$$
これが証明すべきことであった．

このように変換を使うと，ユークリッドの証明よりずっと簡単である．考え方も，「図形を裏返す」という直観的なアイデアに沿っている．また，ゼノンのパラドックスに

とらわれることもなくなる.

幾何学のたくさんの定理を簡単に証明する新しい道が開けたので，さらにいくつかの例をあげる.

(1) 2つの角が等しい3角形は，2等辺3角形である.

証明 △ABCで，∠A＝∠Bとする．ABの垂直2等分線について，この3角形を裏返すと，図14のようになるだろう．

しかし，∠A＝∠Bということから，裏返した頂点Cは元の位置にくる．そこでAC＝BCであることがわかり，△ABCは2等辺3角形である．

(2) 円Oで，弧$\widehat{AB}=\widehat{XY}$ならば，弦AB＝XYである.

証明 この円をOのまわりに，AがXに一致するまで回転させると，$\widehat{AB}=\widehat{XY}$であることから，BはYに一致する（図15）．そこで，AB＝XYとなる．

このような考え方で，ほかの定理を証明してみるとよい．もちろん，変換についてのこの章の説明だけでは不十

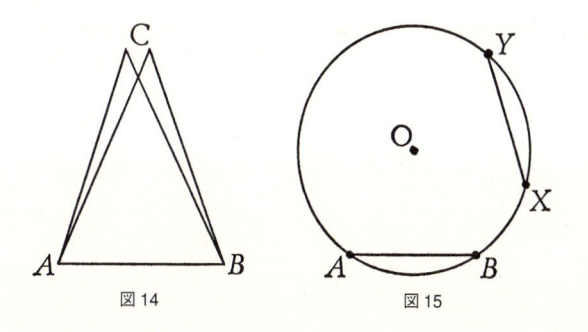

図14

図15

分で，基本概念をもっと深く研究しなければならないし，また幾何学のすべての定理が剛体運動で直接に説明できるわけでもない．剛体運動で直接説明できる定理には取るに足らないものが多いことは事実だが，その中から興味ある結果を引き出すこともできる．

3 高等算術入門
割った余りによる分類，奇妙な算術

そもそも数の概念は，原始人たちが，毎日の生活の中で生じた大切な事柄を記録しておきたい，という願いから発生したのであろう．「自分は，羊や矢じりや友人をどのくらいたくさん持っているのか」，「あとどのくらいたてば春がくるのか」．これらの疑問から自然に，$1, 2, 3, \cdots$ という数を使うことを思いつく．もちろん，数という抽象的な概念にまとまったのは，このような実用的な使い方よりもはるかに後のことだった．「2頭の羊」と「2人の友人」は，ある種の性質——つまりどちらも2つだということ——を共有しているが，これは自明なことではない．幼い子供は，1頭の羊と2頭の羊のちがいはわかっても，2頭の羊と2人の人との共通点にはとても気がつかないだろう．さらに必要に応じて，自然数にいろいろな数がつけ加わっていく．インド人はゼロを発明し，また1つのものをいくつかに分けるために，分数が考え出された．反対の意味をあらわすために負数が作られ，整数 ($\cdots, -3, -2, -1, 0, 1, 2, 3, \cdots$) から有理数（正負の分数）へと発展する．ギリシアの幾何学では，実数が必要になる．$\sqrt{2}$ のような数（分数では

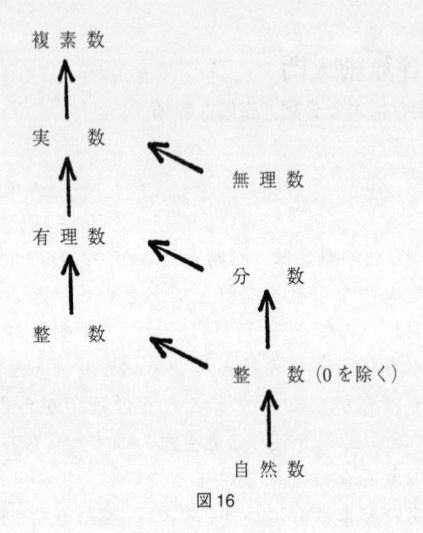

```
          複素数
           ↑
          実 数  ←―――
           ↑         無理数
          有理数 ←―――
           ↑         分 数
                      ↑
          整 数 ←――― 整 数（0を除く）
                      ↑
                     自然数
```

図16

あらわせない数）は無理数だ．また代数方程式を解くために，-1 の平方根という奇妙な数――複素数が考えられた．

　もちろん，これらの拡張のどの段階でも「この新参者は，本当に数なのか」という論争が行われた．その結果，承認が得られ，このようにして，図16のような数の世界が完成した．

　これらのシステムのどの数も，それ自身では現実の世界には存在しないことに注意してもらいたい．2頭の羊はいるが，「2」という数そのものに出会うことは決してない．現実の世界での現象は，抽象的な数の計算規則にぴったり

と合ってはいるが，数そのものには決して出会わない．つまり，現実の世界のある一面が数を使って説明される．現実世界から抽象して構成されたものが数だ．

だから，場面がちがえば，そこで使われる数学もちがう．友人が何人いるかを知るには，自然数だけで間に合うが，金の重さを測るには，分数が必要だ．ギリシアの幾何学者は，直角2等辺3角形の斜辺の長さを知るために，$\sqrt{2}$ のような無理数が必要になったし，ルネッサンスの数学者は，3次方程式を解くために，虚数 $\sqrt{-1}$ を使った〔注3.1〕．

歴史的な事情や心理的な理由から，「数」という名前がついていない数学的システムもたくさんある．それらが発生した場面は数の場合とよく似ており，計算規則も似ている．それだから，数と数以外の対象との区別は任意的なもので，「数は神が創造したもの」というような言い方は，幻想に過ぎない．

モジュラー算術〔注3.2〕

特に興味がある数学システムは，いわゆるモジュラー算術とよばれるものだ〔注3.3〕．このシステムは，循環的に繰り返す現象，たとえば1日の中の時間，1週間の中の曜日，角の大きさ（360°は0°と同じ，361°は1°と同じ，以下同様）のような現象をあつかうときにあらわれる．

いま，1週間の曜日に，0から6までの数を割り当てる

(図17)．この番号付けを続けていくと，ふたたび7は日曜，8は月曜，9は火曜，…に割り当てられる．だから，ある意味で

$$7 = 0, \quad 8 = 1, \quad 9 = 2, \quad \cdots$$

だ．ただしこの「=」は，普通の意味の等号とはたいへんちがう．次に，逆向きに数を割り当てていくと，次の式が得られる．

$$-1 = 6, \quad -2 = 5, \quad -3 = 4, \quad \cdots$$

つまり整数の全体は，図18のようなサイクルで重なり合っている．

任意の整数がどの曜日に割り当てられるかは，すぐわかる（図18の下の表）．

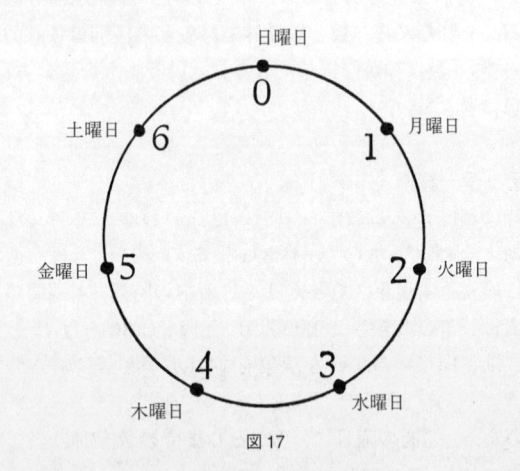

図17

図18

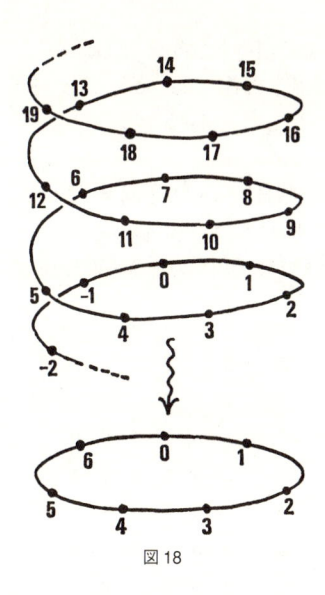

日 曜	$\cdots, -14, -7, 0, 7, 14, \cdots$	$7n$ の形
月 曜	$\cdots, -13, -6, 1, 8, 15, \cdots$	$7n+1$ の形
火 曜	$\cdots, -12, -5, 2, 9, 16, \cdots$	$7n+2$ の形
水 曜	$\cdots, -11, -4, 3, 10, 17, \cdots$	$7n+3$ の形
木 曜	$\cdots, -10, -3, 4, 11, 18, \cdots$	$7n+4$ の形
金 曜	$\cdots, -9, -2, 5, 12, 19, \cdots$	$7n+5$ の形
土 曜	$\cdots, -8, -1, 6, 13, 20, \cdots$	$7n+6$ の形

それには，7で割った余りを見ればよい．このようにして，「余りの算術」を作れる．たとえば，ちょっと奇妙な
$$4+5=2$$
のような式も
$$(4 の曜日)+(5 の曜日)=(2 の曜日)$$
のように解釈すれば，極めて自然な式だ．このようにして，0から6までの「数」の加算表が作れる．

+	0	1	2	3	4	5	6
0	0	1	2	3	4	5	6
1	1	2	3	4	5	6	0
2	2	3	4	5	6	0	1
3	3	4	5	6	0	1	2
4	4	5	6	0	1	2	3
5	5	6	0	1	2	3	4
6	6	0	1	2	3	4	5

この表は，1週間のサイクルの構造をよく表現している．たとえば，「木曜の751日あとは何曜か」ということは，
$$4+751=?$$
と同じで，
$$751=7\times 107+2=2$$
だから，上の表から
$$4+751=4+2=6$$
で，これは土曜だ．

$$1+1+1+1+1+1+1=0$$

のような式も，曜日で考えれば，不思議なことは何もない．

加算がうまくできたので，乗算を考えてみよう．たとえば，3×6 はどうか．

$$3 \times 6 = 6+6+6 = 18 = 4$$

つまり

$$3 \times 6 = 18 = 4$$

と考えるとよい．

そこで，次の乗算表ができあがる（1つ1つチェックしてみるとよい）．

×	0	1	2	3	4	5	6
0	0	0	0	0	0	0	0
1	0	1	2	3	4	5	6
2	0	2	4	6	1	3	5
3	0	3	6	2	5	1	4
4	0	4	1	5	2	6	3
5	0	5	3	1	6	4	2
6	0	6	5	4	3	2	1

このようにして作り上げられたシステムを，「法7の剰余系」あるいは「mod 7の剰余系」という．

以上の話は，法7に限ったことではない．どんな正整数でも法として使える．時計の文字板の上の数をあつかうならば，法12の剰余系あるいは法24の剰余系ができる．

合同式

ガウスは，数学の歴史の中でベスト・スリーに数えられる大数学者であるが，彼は1801年に，ラテン語で『整数論入門』という本を書いた．これは，普通の整数のシステムの性質を述べた本だが，もちろん，初等算術のような単純な計算ではなく，それよりもはるかに深い理論だ．整数論（整数の理論）というタイトルからは，やさしい本だと思うかもしれないが，実は数学の中でも最もむずかしいとされる部門で，未解決の難問がいっぱいある．この本は，次の定義で始まる〔[10]を見よ〕．

「数bとcの差が数aで割り切れるとき，bとcはaに関して合同であるといい，aを法という」〔注3.4〕（ガウスが数といっているのは整数のことだ）．

bとcが法aについて合同であることを，次のように書く．

$$b \equiv c \pmod{a}$$

前後の説明から明らかなときは，$\mathrm{mod}\, a$を省略してもよい．

前に説明した「曜日の算術」ならば，mod 7の合同を考えればよい．bとcがmod 7で合同ならば，

$$b - c = 7k$$

つまり

$$b = c + 7k$$

のような整数kがある．そこで，cに合同な数はちょうど$c + 7k$の形となる．

任意の数 b を 7 で割った余りを r とすると
$$b = 7q + r$$
だから，b は r と $\bmod 7$ で合同だ．7 で割った余りは，0, 1, 2, 3, 4, 5, 6 の 7 個しかないから，どんな数も，これら 7 個の数のどれかと，$\bmod 7$ で合同になる．

図 18 のらせんで，0（日曜）の上に重なる数はすべて $7n$ の形で，0 と合同，他も同様である．

合同式は普通の方程式と同じように，加算・減算・乗算ができる．くわしくいうと
$$a \equiv a', \quad b \equiv b' \pmod{m} \qquad (*)$$
ならば
$$a+b \equiv a'+b', \quad a-b \equiv a'-b', \quad ab \equiv a'b' \pmod{m}$$
が成り立つ．

証明は，初等代数だけでできる．（*）の 2 つの合同式から，適当な整数 j, k を定めて
$$a = mj + a', \quad b = mk + b'$$
とあらわせるから
$$(a+b) - (a'+b') = m(j+k)$$
$$(a-b) - (a'-b') = m(j-k)$$
$$ab - a'b' = m(ka + jb - jkm)$$
これは，$a+b$ と $a'+b'$，$a-b$ と $a'-b'$，ab と $a'b'$ とが，それぞれ $\bmod m$ で合同であることを示す．

実例をあげてみよう．
$$1 \equiv 8, \quad 3 \equiv 10 \pmod{7}$$
だから

$$1+3=4 \text{ と } 8+10=18$$
$$1\times3=3 \text{ と } 8\times10=80$$

とは，それぞれ合同になる．

実際，差を作ってみると，14と77で，どちらも7で割り切れる．

mod 10の合同を使うと，すべての完全平方数の最後の数字が，必ず$0,1,4,5,6,9$のどれかである理由がわかる．どんな数も，mod 10では$0,1,2,\cdots,9$のどれかと合同だから，どんな数の平方も$0^2,1^2,2^2,\cdots,9^2$のどれかと合同，つまり$0,1,4,9,6,5,6,9,4,1$と合同だ．ある数を10で割った余りは0から9までの数だから，それらも，$0,1,4,9,6,5,6,9,4,1$のどれかと合同になる．

合同式を使うと，このほかいろいろなことがわかる〔注3.5〕．

除　法

$\bmod n$の算術では，加算と減算と乗算ができたが，除算はちょっとちがう．それは法nの選び方によって，できたりできなかったりするのだ．

まず，$\dfrac{4}{3} \equiv x \pmod 7$の意味を考えてみよう．除算と乗算との関係から，

$$3x \equiv 4 \pmod 7$$

のような数xが$\dfrac{4}{3}$と合同だと考えるのが，最も自然だろう．47ページの乗算表を調べてみると，このようなxは6だけだから，

$$\frac{4}{3} = 6$$

と定義する．同じように考えて，p と q（ただし $q \neq 0$）が 0 から 6 までの数のとき $\dfrac{p}{q}$ は

$$qy \equiv p \pmod{7}$$

のような y に等しいと定義する．qy はもちろん，q の行と y の列の交点にある数だ．そこで，答えがきちんと求められるためには，q の行のどこかに，y がただ 1 回だけ現れなければならない．2 回以上現れると，どちらを $\dfrac{p}{q}$ としたらよいかわからない．

mod 7 の乗算表の 0 以外の行はちょうどそのようになっているから，$q \neq 0$ ならば $\dfrac{p}{q}$ の値が mod 7 でただ 1 つ定まる（普通の算術でも，0 で割ることはいけないのだから，$q \neq 0$ は当然の条件だ）．

mod 6 だとどうなるか．乗算表は

×	0	1	2	3	4	5
0	0	0	0	0	0	0
1	0	1	2	3	4	5
2	0	2	4	0	2	4
3	0	3	0	3	0	3
4	0	4	2	0	4	2
5	0	5	4	3	2	1

これは，mod 7 の表とはだいぶちがう．すべての数が 1 通り現れるのは，1 の行と 5 の行だけだ．2 の行には

0, 2, 4だけが2回ずつ，3の行では0と3だけが3回ずつ現れる．そこで，1か5で割るときには，前と同じように答えが1つ見つかるが，$\frac{1}{2}$ や $\frac{3}{4}$ は，答えが見当たらない．また $\frac{4}{2}$ の答えは2と5の2つが，$\frac{3}{3}$ は1と3と5の3つが答えとなり，多すぎて困る．つまり，mod 6の場合には，除算はいつもできるとは限らないのである．

この難点を取り除く方法はない．この点，整数の普通の算術のときとは，たいへんちがいだ．整数の場合にも，整数を整数で割った答えがいつも見つかるわけではなかったが，このときは，整数のシステムを有理数のシステムまで拡張して，そこで除算がいつもできるようにできた．しかもこの拡張したシステムでも，整数のシステムと同じ，たとえば $a+b=b+a$ のような計算規則が成り立った．

mod 6のシステムは，計算規則を変えずに，しかも除算がいつもできるように拡張することはできない（これについては，あとの第6章でも説明する）．拡張できたとすれば，それは整数を含むわけだが，他方加算表も，前ページの乗算表も修正しなければならない．つまり，整数のシステムが拡張されるのではなくて，全くこわされてしまう．

拡張できない理由は，mod 6の乗算表に0が多すぎることと関係がある．たとえば

$$2 \times 3 \equiv 0 \pmod{6}$$

のように，0でない2つの数の積が0になることがある．整数の合同システムを拡張して，$\frac{1}{2}$ をある数 a と定義できたとすると，$1=2 \cdot a$ だから算術の乗算の結合法則を

使って,
$$3 \equiv 1 \cdot 3 \equiv (a \cdot 2)3 \equiv a(2 \cdot 3) \equiv a \cdot 0 \equiv 0 \pmod{6}$$
となるが, これはおかしい. そこで, このシステムを拡張しようとすると, 算術の法則が成り立たなくなる.

0でない2つの数の積が0となるような法mについては, いつもこれと同じような不都合が起こる.

いま, 法mを次々と変えて調べてみると,
$$m = 2, 3, 5, 7, 11, 13, 17, \cdots \tag{1}$$
のときは, 除法がいつもできるが,
$$m = 4, 6, 8, 9, 10, 12, 14, 15, 16, \cdots \tag{2}$$
のときには, うまくいかないことがわかる. (1)は素数 (1とそれ自身のほかには約数がない1より大きい整数) ばかりだが, (2)は合成数 (それよりも小さい2つの整数の積になる正の整数) であることが, すぐにわかる.

法が合成数のときは除算がいつもできるとは限らない, ということの証明はやさしい. いま法mが$m = ab$と書けたとする. aもbもmより小さいから, $\bmod m$で0に合同ではない. ところが, $ab \equiv m \equiv 0 \pmod{m}$である. そして前の$\dfrac{1}{2}$のときと同じ方法で, $\dfrac{1}{a}$も$\dfrac{1}{b}$も$\bmod m$で定義できないことがわかる.

これで, 合成数については片づいた. 法が素数の場合には, どうだろうか. つまりmが素数で, しかも$\bmod m$で除算が必ずしも可能ではない場合があるだろうか.

いま, pを素数とし, $t \not\equiv 0 \pmod{p}$とする. まず$\bmod p$の乗算表のtの行には, 同じ数が2か所にはないことを証

明する.

もしも t の行に同じ数が 2 か所あったとすると,互いに異なる u の列と v の列について
$$tu \equiv tv \pmod{p}$$
となる. そこで
$$t(u-v) \equiv 0 \pmod{p} \qquad (*)$$
さて, 整数については

「もしも, 2 つの数 x, y の積 xy が素数 p で割り切れるならば, x と y のどちらか片方は p で割り切れる」

という事実がある. そこで, (*) から, t か $u-v$ のどちらかが p で割り切れる. 仮定 $t \not\equiv 0$ から, t は p で割り切れない. そこで, $u-v$ が p で割り切れて,
$$u-v \equiv 0 \text{ すなわち } u \equiv v$$
これは仮定に反するから t の行には同じ数は 2 つはあらわれない.

t の行には p 個のスペースがあって, 0 から $p-1$ までのどの数も 2 度はあらわれないのだから, 結局ちょうど 1 回ずつあらわれるはずだ (部屋割り論法!). そこで, 前ページで主張したように, t による除算の答えは, ただ 1 通りに決まる.

興味ある応用を示そう.
$$F_n = 2^{2^n} + 1$$
のような形の数を, これを研究した数学者の名前をとって「フェルマー数」とよぶ〔注 3.6〕. フェルマーは 1640 年に, F_n はすべて素数であると予想したが, その証明

はできなかった．初めのいくつか，$F_0 = 3, F_1 = 5, F_2 = 17, F_3 = 65, F_4 = 65537$ は，確かに素数である．ところが，1732 年にオイラーは
$$F_5 = 2^{32} + 1 = 4294967297$$
は 641 で割り切れ，したがって素数ではないことを示した．オイラーは，直接の計算でこの結果を得たのだが，641 が因数であるという検証はやさしい〔注 3.7〕．

まず，641 は素数であり，
$$641 = 2^4 + 5^4 = 1 + 5 \cdot 2^7 \qquad (**)$$
と書けることに注意しよう．そこで，$\mathrm{mod}\, 641$ で計算すると
$$2^7 \equiv -\frac{1}{5}, \quad 2^8 \equiv -\frac{2}{5}$$
だから，(**) の初めの等式を使うと
$$2^{32} \equiv \left(-\frac{2}{5}\right)^4 = \frac{2^4}{5^4} \equiv -1,$$
$$2^{32} + 1 \equiv 0 \pmod{641}$$
となる．

2 つの有名な定理

合同式は，算数の計算よりも整数論にとって非常に重要だ．次に，2 つの重要な定理を証明しておく．その証明を読んで理解するのはむずかしくはないが，ベルもその著書『数学をつくった人びと』〔注 3.8〕の中で言っているように，正常な知性を備えているが数学の知識は中学校

程度の人の中で，適当な期間（たとえば1年間）以内に，自力でこの定理の証明を完成できるのは，数十万人中1人くらいしかいないことは，ほとんど確実だ．

いま，mod 7 で 2 のベキを次々と計算してみると，

$2^0 \equiv 1, \quad 2^3 \equiv 1, \quad 2^6 \equiv 1, \quad \cdots$

$2^1 \equiv 2, \quad 2^4 \equiv 2, \quad 2^7 \equiv 2, \quad \cdots$

$2^2 \equiv 4, \quad 2^5 \equiv 4, \quad 2^8 \equiv 4, \quad \cdots \quad (\mathrm{mod}\, 7)$

のように，1, 2, 4, 1, 2, 4, 1, 2, 4 というパターンを繰り返す．また，3 のベキについてやってみると，1, 3, 2, 6, 4, 5 というパターンを繰り返す．他の数のベキについても，自分でチェックしてみるとよい．

あるベキが1と合同になると，そのあとは，前と同じ数列が繰り返すことは明らかだ．たとえば，$3^6 \equiv 1$ だから，$3^7 \equiv 3^1, 3^8 \equiv 3^2$ となる．そして，0以外のどんな数 x に対しても

$$x^6 \equiv 1 \quad (\mathrm{mod}\, 7)$$

となる（6より手前で1と合同になることはあるが）．

さらに，いろいろな法について計算をしてみると，$x \equiv 0$ でない限り，

$$x^4 \equiv 1 \quad (\mathrm{mod}\, 5)$$
$$x^{10} \equiv 1 \quad (\mathrm{mod}\, 11)$$
$$x^{12} \equiv 1 \quad (\mathrm{mod}\, 13)$$

となる．そこで，p が素数のとき，$x \not\equiv 0 \ (\mathrm{mod}\, p)$ のような任意の数 x に対して

$$x^{p-1} \equiv 1 \quad (\mathrm{mod}\, p)$$

が成り立つことが予想される．

法が7のときの証明をしてみよう．mod 7 で 0 でない数は
$$1, 2, 3, 4, 5, 6$$
であり，これらを2倍すると，mod 7 で
$$2, 4, 6, 1, 3, 5$$
で，順序が変わっただけだ．そこで全部をかけて，
$$1 \cdot 2 \cdot 3 \cdot 4 \cdot 5 \cdot 6 \equiv 2 \cdot 4 \cdot 6 \cdot 1 \cdot 3 \cdot 5$$
ところがこの右辺は，その作り方から
$$\equiv (1 \cdot 2)(2 \cdot 2)(3 \cdot 2)(4 \cdot 2)(5 \cdot 2)(6 \cdot 2)$$
$$\equiv 2^6 \cdot 1 \cdot 2 \cdot 3 \cdot 4 \cdot 5 \cdot 6$$
だから
$$1 \cdot 2 \cdot 3 \cdot 4 \cdot 5 \cdot 6 \equiv 2^6 \cdot 1 \cdot 2 \cdot 3 \cdot 4 \cdot 5 \cdot 6 \quad (\mathrm{mod}\, 7)$$
両辺から同じ因数を約すと（約してよいことを確かめよ）
$$2^6 \equiv 1 \quad (\mathrm{mod}\, 7)$$
を得る．

この証明の始めで2倍したところを，3倍としてみると，全く同じ考え方で
$$3^6 \equiv 1 \quad (\mathrm{mod}\, 7)$$
を得る．このようにして，任意の $x \neq 0$ について
$$x^{p-1} \equiv 1 \quad (\mathrm{mod}\, p)$$
が成り立つことがわかる．

そこで，実際に割ってみなくても
$$7^{18} - 1 = 1\,62841\,35979\,10448$$
は 19 で割り切れることがわかる．

この定理は「フェルマーの小定理」とよばれ，整数論のさらに深い研究の中で，非常に重要な役割をはたす．

次に，もう1つの重要な定理を述べよう．それは
$$(p-1)! = 1 \cdot 2 \cdot 3 \cdots (p-1)$$
に関するものだ．

まず，$p=7$ としてみると
$$6! = 1 \cdot 2 \cdot 3 \cdot 4 \cdot 5 \cdot 6$$
2つずつまとめると
$$1 \cdot (2 \cdot 4) \cdot (3 \cdot 5) \cdot 6 \equiv 1 \cdot 1 \cdot 1 \cdot (-1) \equiv -1 \pmod{7}$$
となる．

$\mod 11$ についてやってみると
$$1 \cdot 2 \cdot 3 \cdot 4 \cdot 5 \cdot 6 \cdot 7 \cdot 8 \cdot 9 \cdot 10$$
$$\equiv 1 \cdot (2 \cdot 6) \cdot (3 \cdot 4) \cdot (5 \cdot 9) \cdot (7 \cdot 8) \cdot 10$$
$$\equiv 1 \cdot 1 \cdot 1 \cdot 1 \cdot 1 \cdot (-1)$$
$$\equiv -1 \pmod{11}$$
さらに，$\mod 13$ については
$$1 \cdot 2 \cdot 3 \cdot 4 \cdot 5 \cdot 6 \cdot 7 \cdot 8 \cdot 9 \cdot 10 \cdot 11 \cdot 12$$
$$\equiv 1 \cdot (2 \cdot 7) \cdot (3 \cdot 9) \cdot (4 \cdot 10) \cdot (5 \cdot 8) \cdot (6 \cdot 11) \cdot 12$$
$$\equiv 1 \cdot 1 \cdot 1 \cdot 1 \cdot 1 \cdot 1 \cdot (-1)$$
$$\equiv -1 \pmod{13}$$

一般の場合は，次のようにする．まず，1と $p-1$ 以外の数 x を，その逆数 x'，つまり
$$x' \equiv \frac{1}{x} \pmod{p}$$
のような x' とペアにする．このような x と x' とはちょ

うど1対ずつ決まることがわかる。そこで、2から$p-2$までの数を2つずつペアにして
$$(p-1)! \equiv 1 \cdot (x \cdot x') \cdot (y \cdot y') \cdot \cdots \cdot (z \cdot z') \cdot (p-1)$$
$$\equiv 1 \cdot 1 \cdot 1 \cdot \cdots \cdot 1 \cdot (-1)$$
$$\equiv -1 \pmod{p}$$
となる。まとめると

p を任意の素数とするとき
$$(p-1)! \equiv -1 \pmod{p}$$
これを「ウィルソンの定理」という。

この定理は、法 m が合成数のときは成り立たない。m が合成数ならば、ある因数 $d (\leq m-1)$ があるから、$1 \cdot 2 \cdots d \cdots (m-1) = (m-1)!$ は d で割り切れる。そこで、
$$(m-1)! + 1 \equiv 1 \pmod{d}$$
だから、
$$(m-1)! + 1 \equiv 0 \pmod{m}$$
となるはずがない。

それだから、理論的にだけ考えれば、ウィルソンの定理は、素数性の判定に使えるはずだ。つまり、ある数 q が素数であるかどうかを知るには、$(q-1)!+1$ が q で割り切れるかどうかをテストすればよい。割り切れれば q は素数で、割り切れなければ素数ではない。たとえば $6!+1 = 721$ は7で割り切れるから、7は素数であり、$5!+1 = 121$ は6で割り切れないから、6は素数ではない。

しかし、わりあい小さな数、たとえば17についても
$$16!+1 = 2092\ 27898\ 88001$$

を 17 で割る計算をしなければならない．これは，高速計算機でも使わない限り，実際にはむずかしい．

　しかし，実際にその因数を求めなくても素数かどうかがわかるという点で，理論的にはたいへん興味深い定理といえよう〔注 3.9〕．

4 集合の代数
集合は数学の基本の言語だ

　現代数学のほとんどすべての本は，集合の説明から始まり，

$$\in, \ \subseteq, \ \cup, \ \cap, \ \emptyset$$

のような奇妙な記号が雨あられのように飛び出してくる．この本も，記号はできるだけ少なくしたいと思ってはいるが，やはりその例外ではないことを，初めにお断りしておく．

　現代数学に集合がつきまとうのは，もちろんそれなりの理由がある．集合というのは，一つの言語なのだ．この言語なしでは，数学を研究することはおろか，数学を説明することもできない．ちょうど，フランス語を知らずにフランス文学を勉強しようとするようなものだ．次の章からあとでも，集合の言葉を絶えず使う必要があるので，この章を設けた．

　ものの集まりを「集合」という．イギリスのすべての州の集合 A，すべての叙事詩の集合 B，かみの毛の赤いすべてのアイルランド人の集合 C，のように使う．集合に含まれる（属する）ものを「元」という．『失楽園』は集合 B の元で，ケント州は集合 A の元だ．わかりやすいよ

うに，今あげたような具体的な集合を例にあげることも多いが，数学で興味あるのは，平面上のすべての円の集合，球面上のすべての点の集合，すべての数の集合，…のような抽象的なものの集合だ．

集合論のいろいろな概念を理解するために，たとえば，鉛筆，消しゴム，鉛筆削り，おはじき，おもちゃのねずみなど身近なものを集めて，ビニール袋に入れる．これが集合で，この袋の中に入っているものが，この集合の元だ．

これから，集合の代数を作り上げようと思う．普通の代数のように，集合とその元をあらわすのに，文字を使う．集合を大文字で，元を小文字であらわす．しかし，この約束を守り通すことはむずかしい（ある袋を，さらに別の大きな袋の中に入れるように，集合自身が別の大きな集合の元となることもある）．すべての叙事詩の集合をS，『失楽園』をxであらわすと，xはSの元であるが，このように「xはSの元である」という言葉がしばしば出てくるので，これを簡単な記号で

$$x \in S$$

と書く〔注4.1〕．

集合は，その元が定まれば（少なくとも理論的には）定まる．そこで集合の一番簡単な書き方は，その元を列挙することだ．たとえば，選挙人名簿があれば，すべての選挙人の集合は確定する．元を列挙するとき，括弧でくくる．$\{1,2,3,4\}$は，1と2と3と4だけからなる集合をあらわし，$\{春,夏,秋,冬\}$は四季の集合をあらわす．図

図 19

19 は，{鉛筆, おはじき, ねずみ} という集合をあらわす．
{ } がビニールの袋だ．

それだから，その元が全く同じである 2 つの集合は同じ集合だ（実際には，全く同じものは 2 つはないはずだが）．数の集合の例としては

$$\{1, 2, 3, 4, 4, 4\}$$

のような集合も考えられる．

袋の中のものの順序は，どうでもよい．実際に書き上げると，どうしても左から右へと順序をつけて書かねばならないが，集合としては $\{1, 3, 2, 4\}$ と $\{1, 2, 3, 4\}$ は同じ集合だ．

集合の元を列挙するほかに，

$$\{\text{すべての叙事詩}\}$$

という書き方もある．これは普通，次のように書く．

$$\{x \mid x \text{ は叙事詩}\}$$

たて線は「……のようなすべての」と読んでもよい．そこ

で，集合
$$\{n \mid n \text{ は整数で，} 1 \leqq n \leqq 4\}$$
は，集合
$$\{1, 2, 3, 4\}$$
と同じだ．つまりその元を列挙する代わりに，その元を正確に特徴づける性質をあげる．それには，その集合の元だけの特徴をあらわし，しかもできるだけ簡単な性質を選ばなければならない．

無限集合はその元のすべてを列挙することはできないし，有限集合でも，元が非常にたくさんある場合には，すべてを列挙することはたいへんだ．このような場合には
$$\{x \mid x \text{ は……}\}$$
という書き方しかできない．

日常の話で「集合」というと，たくさんのものの集まりを指す．切手がたった1枚しかないのに，それを「切手のコレクション」と言ったらおかしい（世界に1枚しかないような珍しい切手なら別だが）．しかし数学では，ただ1つの元からなる集合や，全く元のない空っぽの集合も考える．たとえば
$$\left\{ n \;\middle|\; \begin{array}{l} n \text{ は1より大きい整数で，} x^n + y^n = z^n \text{ は，} \\ x, y, z \neq 0 \text{ のような整数解を持つ} \end{array} \right\}$$
という集合を考えてみよう．この集合が，$n=2$ という少なくとも1つの元を含むことはすぐにわかるが，それ以上のことはむずかしい．これは，300年来の未解決の難問と関係がある〔注4.2〕．

x　　　　　　　　$\{x\}$

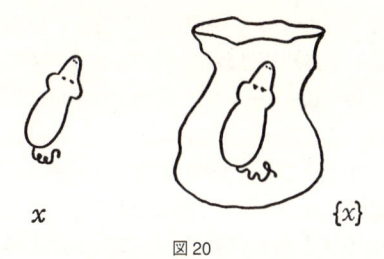

図20

　このように，ある性質で集合を規定したときは，この集合の元がたくさんあるか，たった1つか，それとも1つもないかということは，予めわからないこともある．それが決まるまでは「集合」という言葉を使えないというのでは不便で仕方がないので，普通の使い方とはちょっとちがうが，たった1つのものからなる集まりや，1つもない集まりも集合とよぶことにするのだ．

　1つの元からなる集合とその元自身とを混同してはいけない．xと$\{x\}$とは同じではない．図20を見れば，このことはすぐにわかるだろう．

空集合

　元がただ1つの集合を考えたのと同じ理由で，1つも元のない集合も考える．たとえば，「東京に生息しているゴジラの集合」は，私の知っている限りでは，1つも元のない集合だ．

　このような集合を「空集合」という．中の空っぽなビニール袋のようなものだ．

空集合は1つしかない．すべての空集合は等しい．これは，ちょっと奇妙に思われるかもしれないが，次のような理由による．63ページで，2つの集合が全く同じ元からなるとき，この2つの集合は等しい，と定義したことを思い出そう．そこで，2つの集合が等しくないと，その片方は，他方に含まれない元を含む．つまり，片方は少くとも1つの元を含むはずだ．ところが，空集合は1つの元も含まないのだから，2つの空集合が等しくないことはない．だから，それらは等しい．

　この説明は，「真空論法」ともいうべきものである．ちょっとわかりにくいかもしれないが，数学ではよく使う．「ある性質」が成り立たない（2つの空集合は等しくない）という証拠を一生懸命に探す．ところが，そういう証拠（片方の集合に含まれ，他方には含まれないような元がある）はどうしても見つからない．そこで，この「ある性質」は成り立つ（2つの空集合は等しい）のだ．

　空集合はただ1つしかないことがわかったので，それを

$$\emptyset$$

と書く．これは，ギリシア文字の「ファイ」とはちがう．0と／を組み合わせて作った新しい記号だ．空集合は「何もない」ということとはちがう．「何もない」ことなど，議論にはならない．空集合は他の集合と全く同じ資格で実在する．また，0と∅を混同しないように注意せよ．0は数で，∅は集合だ〔注4.3〕．

∅ は，数学の中で最も役に立つものの1つだ．たとえば，次のような使い方をする．東京にいま生息しているゴジラの集合を U とすると
$$U = ∅$$
は「東京にはゴジラは生息していない」ということをあらわす．

部分集合

ある集合が他の集合の一部分になっていることがある．すべての女性の集合はすべての人間の集合の一部分で，すべての偶数の集合はすべての整数の集合の一部分だ．「……は……の一部分である」という日常語はあまり明確でない面もあるので，もっと精密に定義をして，新しい世界を広げていこう．

集合 S のすべての元が，また集合 T の元であるとき，S は T の「部分集合」だという．女性はもちろん人間だから，すべての女性の集合 W は，すべての人間の集合 H の部分集合だ．このことを
$$W \subseteqq H$$
と書き「W は H に含まれる」と読む〔注 4.4〕．

ビニール袋を使って説明するときには，ちょっと注意する必要がある．
$$S = \{鉛筆, 消しゴム\}$$
$$T = \{鉛筆, 消しゴム, おはじき 3 つ\}$$
のとき，図 21 のような絵を描いてはいけない．

図 21

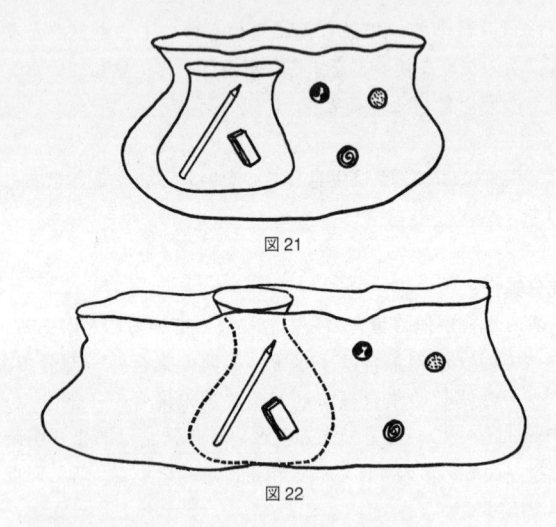

図 22

これでは、集合はただ1つで、その元は
(1) 3つのおはじき
(2) 鉛筆と消しゴムからなる集合
であることを示す.だから,図22のように描くのがよい.

部分集合の定義から容易に導かれることがらをあげてみよう.

1. どんな集合 S も、それ自身の部分集合である.
$$S \subseteq S$$
なぜかといえば、S の元はもちろん S の元だから.

2. 空集合 $\emptyset$ は任意の集合 S の部分集合である.

「真空論法」を使ってみよう.いま $\emptyset$ が S の部分集合

ではないとすると ∅ には含まれるが S には含まれないような元が少なくとも1つはあるはずだ．ところが，∅ の元は1つもないのだから，このようなことは起こらない．そこで，∅ は S の部分集合：

$$\emptyset \subseteqq S$$

だ．この2つの事実は，「……は……の一部分である」という日常語の内容とちょっとずれているので，67ページのように，部分集合という用語を正確に定義したのである．

3. 部分集合の部分集合は，また部分集合である．正しく書くと

$$A \subseteqq B, B \subseteqq C \text{ ならば } A \subseteqq C.$$

なぜかといえば，A の元はすべて B の元で，したがって C の元でもあるから．

第3章で，いろいろな数のシステムの話をしたが，それらも，集合と部分集合の関係になっている．まず，それらをあらわす標準的な記号を説明しておく〔注 4.5〕．

N　すべての自然数 $0, 1, 2, \cdots$ の集合
Z　すべての整数 $0, \pm 1, \pm 2, \cdots$ の集合
Q　すべての有理数 p/q ($q \neq 0$) の集合
R　すべての実数（無限小数であらわされる数）の集合
C　すべての複素数の集合

そうすると，これらの間に

$$N \subseteqq Z \subseteqq Q \subseteqq R \subseteqq C$$

という一直線の関係が成り立つ．上の性質から，$N \subseteqq Q$，$Z \subseteqq R$ なども成り立つ．

⊆と∈とは全くちがうから，混同しないこと．たとえば，
$$\{1\}, \{2\}, \{3\} \subseteq \{1, 2, 3\}$$
$$1, 2, 3 \in \{1, 2, 3\}$$
だ．

和集合と共通集合

いくつかの集合を結びつけて新しい集合を作る方法の中で，次の2つはきわめて重要だ．

2つの集合 S か T の少なくとも片方に含まれる元全体からなる集合を，S と T の「和集合」といい，記号では
$$S \cup T$$
と書く．たとえば，
$$S = \{1, 3, 2, 9\}, \quad T = \{1, 7, 5, 2\}$$
ならば
$$S \cup T = \{1, 3, 2, 9, 7, 5\}$$
であり，
$$P = \{35歳以下のすべての女性\}$$
$$Q = \{バスのすべての車掌\}$$
とすると，
$$P \cup Q = \{35歳以下の女性かバスの車掌\}$$
となる．35歳以下で，かつバスの車掌である女性も含むことに注意．

次に，S と T に共通の元からなる集合を「共通集合」といい

図23

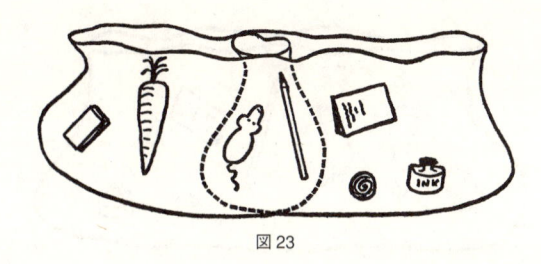

$$S \cap T$$

と書く．上の例でいうと

  $S \cap T = \{1, 2\}$

  $P \cap Q = \{35$ 歳以下の女性のバスの車掌$\}$

となる．

図23は，ビニール袋に入った2つの集合 S と T を示す．

$S \cup T$ は，すべての品物を1つの袋に入れた集合（図24）で，$S \cap T$ は，両方の袋に共通に含まれる品物を集めてできた集合（図25）をあらわす．

横からでなく，真上から見ると，図26のようになる．そして，$S \cup T$ と $S \cap T$ は，図27の網目の中に入っている品物の集合をあらわす．

一般的な図を描くと，図28のようになる．この図では，円はビニール袋をあらわし，網かけの部分は，問題にしている対象がそこに入っていることを示す．この図を，それを考え出した人の名をとって，「ベン図」（ベン・ダイアグラム）という．

図24

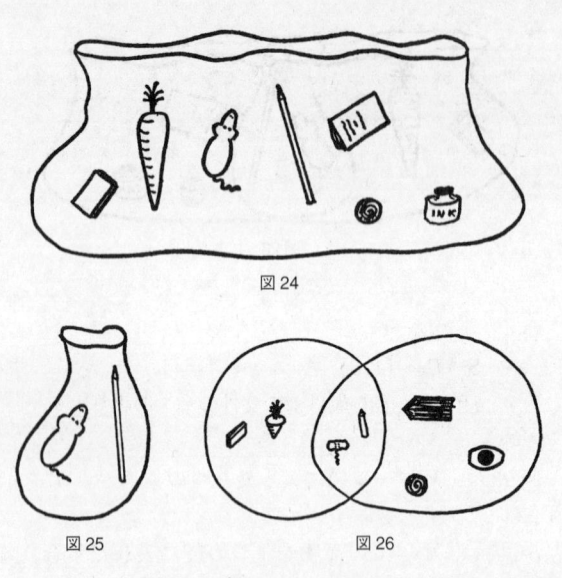

図25 　　図26

∪と∩については，数の加法・乗法とよく似た法則が成り立つ．たとえば，任意の2つの集合 A, B に対して，
$$A \cup B = B \cup A$$
$$A \cap B = B \cap A$$
が成り立つ．$A \cup B$ も $B \cup A$ も，A と B のどちらかに含まれるもの全体から成っているからだ．ベン図を描いてみても，すぐわかる．∩についても同様である．

次に，A, B, C を任意の3つの集合とすると
$$(A \cup B) \cup C = A \cup (B \cup C)$$
$$(A \cap B) \cap C = A \cap (B \cap C)$$

$S \cup T$ $S \cap T$

図 27

S T

$S \cup T$ $S \cap T$

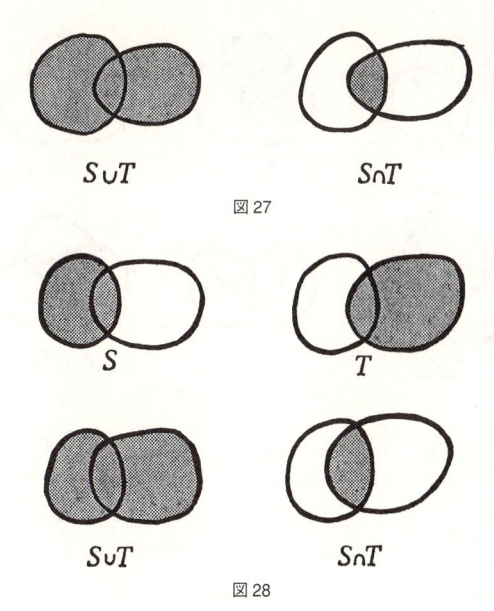

図 28

これは，3つの集合の和集合や共通集合を作るときは，どの部分から始めてもよいことを示す．ベン図を描いてみるとよい．

次に，∪ と ∩ とを結びつける法則をあげる．
$$(A \cup B) \cap C = (A \cap C) \cup (B \cap C)$$
$$(A \cap B) \cup C = (A \cup C) \cap (B \cup C)$$
第1の公式が成り立つことをベン図で示すと，図29のようになる．

集合論の法則を説明するためには，ベン図のほかに，所

図29

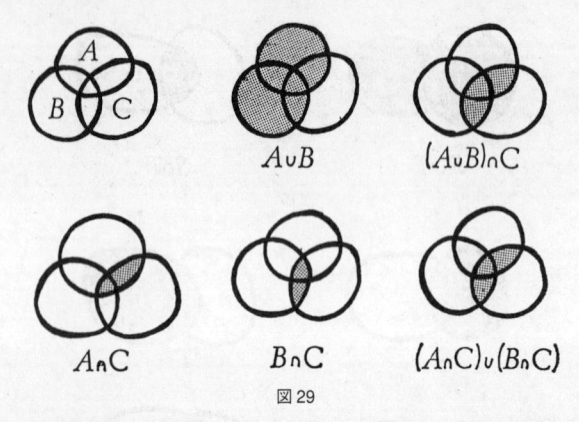

属表を使う方法がある．$S \cup T$ の中の元は，S の中あるいは T の中あるいは両方の中にある．また $S \cap T$ の中の元は S の中にも T の中にもある．そこで，「……の中にある」を I で，「……の外にある」を O であらわすと，次のような表ができる．

S	T	$S \cup T$
I	I	I
I	O	I
O	I	I
O	O	O

S	T	$S \cap T$
I	I	I
I	O	O
O	I	O
O	O	O

たとえば，左の表の3行目は，「S の外にあって T の中にある元は，$S \cup T$ の中にある」と読む．

∪ と ∩ を結ぶ，73ページの第2の公式

$$(A \cap B) \cup C = (A \cup C) \cap (B \cup C)$$

を，この所属表を使って説明してみよう．考えられる場合は8通りあるので，それぞれについて，ある元が中にあるか外にあるかを調べてみると，次のような表ができる．

A	B	C	$A \cap B$	$(A \cap B) \cup C = P$
I	I	I	I	I
I	I	O	I	I
I	O	I	O	I
I	O	O	O	O
O	I	I	O	I
O	I	O	O	O
O	O	I	O	I
O	O	O	O	O

A	B	C	$A \cup C$	$B \cup C$	$(A \cup C) \cap (B \cup C) = Q$
I	I	I	I	I	I
I	I	O	I	I	I
I	O	I	I	I	I
I	O	O	I	O	O
O	I	I	I	I	I
O	I	O	O	I	O
O	O	I	I	I	I
O	O	O	O	O	O

この2つの表の最後の列を見ると，全く一致している．

そこで，PとQは全く同じ元からなり，PとQは等しい．これで証明できた．

ベン図を見れば，ある法則が正しいことが推定できるが，それをきちんと証明するには，所属表を使えばよい．

補集合

2つの集合AとBを関係づけるもう1つの重要な方法は，AとBとの「差集合」
$$A - B$$
を作ることだ．これは，Aの中にはあるがBの中にはないようなすべての元の集合をあらわす（図30）．

所属表は，次のようになる．

A	B	$A-B$
I	I	O
I	O	I
O	I	O
O	O	O

Sに属さないすべての元の集合S'を，Sの「補集合」という．考えられるすべての元の全体をVとすると
$$S' = V - S$$
である．これは，図31の網の部分をあらわす．

さて，「考えられるすべての元の全体」Vとは，どういうことだろうか．そのような元は，おそろしくたくさんある．すべての数，すべての犬，すべての猫，すべての人，

図30

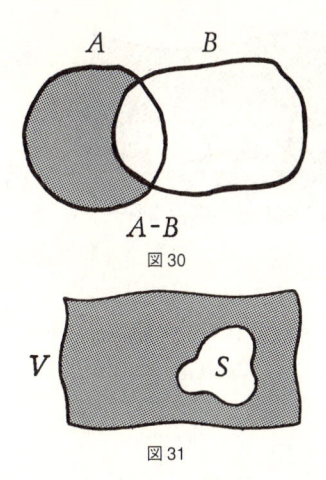

図31

すべての本，……，考え得るすべての概念，……，すべての集合，……など，いくらでもある．また，V 自身も「考えられるもの」だから，V は V に含まれる．とにかく，V は大きすぎる．犬を問題にして話をしているときには，「羊の番犬でないもの」といえば，ラクダなどは含まれないであろう．

　一般に，ある問題を論じるときには，このような V よりずっと小さな決まった集合の中だけで考えるのが普通だ．これを「普遍集合」という．そこで，犬のことを話しているときには，すべての犬の集合が普遍集合である．もちろん，このときに，すべての動物の集合を普遍集合とした方が都合のよいこともある．それだから，普遍集合は，

図32

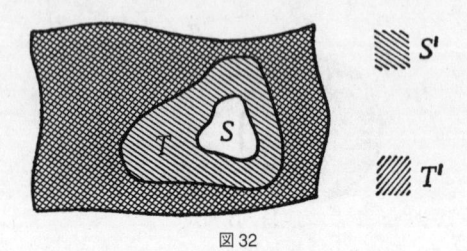

ただ1つに確定するわけではないが，いったんそれを決めたあとは，それを V として使う．この集合の中にあって S の外にあるすべての元の全体が，S の補集合 S' だ．普遍集合が明白な場合には，ただ補集合 S' といっても，混乱は起こらない．

補集合を作ると，包含関係が逆になる．つまり
$$S \subseteqq T \text{ ならば } S' \supseteqq T'$$
なぜかといえば，もしも T が S よりも大きければ，T 以外のものは S 以外のものよりも少ないからだ．図32のベン図からも明らかだろう．

補集合を作ることは，命題を否定することと深い関係がある．実際，ある種の論理の問題を，集合論を利用して解くことができる．

例として，次の6個の命題を考える．

(i) 薄暗いところで見えない動物は灰色だ
(ii) 隣の人は，眠りを妨害するようなものを好まない
(iii) よく眠ると，大きないびきをかく
(iv) 隣の人は，薄暗いところでも見える動物が好きだ

（ⅴ）　すべての象は，よく眠る
（ⅵ）　大きないびきをかくと，隣の人が起きる

これらの命題を集合論の言葉に直すために，次のようにおく．

$A = \{$隣の人を起こすべてのもの$\}$
$B = \{$よく眠るすべてのもの$\}$
$C = \{$大きないびきをかくすべてのもの$\}$
$D = \{$薄暗いところで見えるすべての動物$\}$
$E = \{$すべての象$\}$
$F = \{$隣の人が好きなすべてのもの$\}$
$G = \{$灰色のすべてのもの$\}$

そうすると命題（ⅰ）は，D の中にないものは G の中にあるといっているのだから，

$$(\text{i}) \quad D' \subseteqq G$$

同じように考えて

$$(\text{ii}) \quad A \subseteqq F'$$
$$(\text{iii}) \quad B \subseteqq C$$
$$(\text{iv}) \quad D \subseteqq F$$
$$(\text{v}) \quad E \subseteqq B$$
$$(\text{vi}) \quad C \subseteqq A$$

（ⅳ）の $D \subseteqq F$ から

$$(\text{iv})' \quad F' \subseteqq D'$$

がわかる．そこで，これら 6 つの関係は

$$E \subseteqq B \subseteqq C \subseteqq A \subseteqq F' \subseteqq D' \subseteqq G$$

のように一列に書ける．これから

$$E \subseteq G$$

つまり，象はすべて灰色である．

一般に集合論と論理との間には，もっと深い関係がある．このアイデアを最初に思いついた人はブール（1815～64年）なので，その理論を「ブール代数」という〔注4.6〕．

もう気がついた人もあると思うが，これまで挙げた公式には，おもしろい特徴がある．集合論の公式あるいは法則は，すべて2つずつ組になっていて，ある法則の中の∪と∩を交換すると，相手の公式となる．今までも，このような2つを組にして書いてきた．これは，偶然ではないので，補集合を使うと，その理由が証明できる．そのために，まず，「ド・モルガンの法則」を述べよう．

2つの任意の集合 A, B について

$$(A \cup B)' = A' \cap B' \tag{1}$$
$$(A \cap B)' = A' \cup B' \tag{2}$$

が成り立つ（これさえも，組になっている）．S を任意の集合とするとき，S の外にない要素は S の中にあるから $S'' = S$ は明らかである．そこで，(1), (2)の両辺の補集合を作ると，

$$A \cup B = (A' \cap B')' \tag{3}$$
$$A \cap B = (A' \cup B')' \tag{4}$$

いま，73ページの公式

$$(A \cup B) \cap C = (A \cap C) \cup (B \cap C) \tag{5}$$

をとりあげよう．A, B, C は任意だから，これらをそれぞ

れ A', B', C' で置き換えると
$$(A' \cup B') \cap C' = (A' \cap C') \cup (B' \cap C')$$
両辺の補集合をとると
$$((A' \cup B') \cap C')' = ((A' \cap C') \cup (B' \cap C'))'$$
左辺は，(3)によって
$$(A' \cup B')' \cup C.$$
さらに，(4)によって，これは
$$(A \cap B) \cup C$$
となる．

同じように，(3)と(4)を使って右辺を変形すると
$$(A \cup C) \cap (B \cup C)$$
となることがわかる．そこで
$$(A \cap B) \cup C = (A \cup C) \cap (B \cup C)$$
が成り立つ．これはちょうど，初めの法則(5)の中の $\cup$ と $\cap$ とを交換したものだ．

他の法則の組についても，同じようにできる．それだから，定理を証明する仕事は，半分に減った．1つの定理を証明すれば，その相手は無料で手に入る．

集合論としての幾何学

ユークリッドは，点や直線のようないくつかの幾何学的概念を定義しようとした．たとえば
「点とは，位置だけがあって大きさのないものである」．
ところが，位置という言葉を精密に定義しようとするの

は，点の定義と同じようにむずかしい．無理に定義しようとすると，ついには循環論法になってしまう．

ある定義をするには，必ず何かの言葉を使わなければならない．英語辞典を引くと，"the" の説明に "the definite article" と書いてある．だから，the の意味を知らなければ，この説明は役に立たないはずだ〔注 4.7〕．

ユークリッドは，理想化された点や直線を，現実の世界のものと関係づけようとした．しかし残念ながら，この理想的な対象と全く同じふるまいをするものは，実世界には存在しない．いくら原子が小さくても，いくらかの大きさがあって，点ではない（量子論によれば，距離が非常に小さいときには，原子の大きさはぼんやりしたものとなってしまう．$1/10^{12}$ cm より小さい距離は測定することはできない．測定しようとすると，非常に大きなエネルギーが要るので，対象物ははねとばされてしまう）．そこで，幾何学を理論としてまとめるための1つの方法は，点と直線という基本概念を無定義用語としておいて，それらが，どのようにふるまうかを述べることだ．これが公理的方法と呼ばれるもので，あとの第8章で，くわしく説明する．

平面は点から成り立っているが，これとても同様だ．そこで，理論的に完全なもう1つの方法は，平面と点を，すでに定義された他の数学的対象によって定義することだ．現実世界には平面そのものはなく，理想化されたユークリッド平面のようにふるまうものがあるだけだ．

第2章で説明したように，座標幾何学のアイデアを使

うと，平面上の各点に (x,y) という数のただ 1 つの組のラベルをつけられ，点という神秘的な対象に，実数の組というわかりやすいものが対応できた．これは神秘的な対象とそっくり同じようにふるまう．そこで，神秘的なものと手を切ろうと思えば，実数の組 (x,y) を「点」と定義すればよい．平面は点の集合なのだから，実数のすべての組の集合を，「平面」と定義する．

直線はどうか．座標幾何学に戻って考えれば，a,b,c を固定したときの

$$ax+by=c$$

の形の方程式を満足するすべての点 (x,y) の集合を直線と定義すればよい．たとえば，

$$1\cdot x+(-1)\cdot y=0$$

は，原点を通り両軸を 2 等分する直線だ．同様に，幾何学的な円に対応する点の集合を円の方程式で定義する．

集合論的に考えてある点がある直線の元のとき，この点はこの直線の上にある．点 P が 2 直線 L,M の元のとき，つまりその共通集合 $L\cap M$ の元のとき，P は L と M の交点だ．すなわち，集合論的な共通集合は，幾何学的な交わりに対応する．

このようにして，座標幾何学をガイドとして，全ユークリッド幾何学を集合論の一部分として構成できる．そして，望むような幾何学の性質を持つ純数学的な理論が構成できる．そして，「真の幾何学」についての神秘的なことをあれこれいう代わりに，次のようにいえばよい．

図33

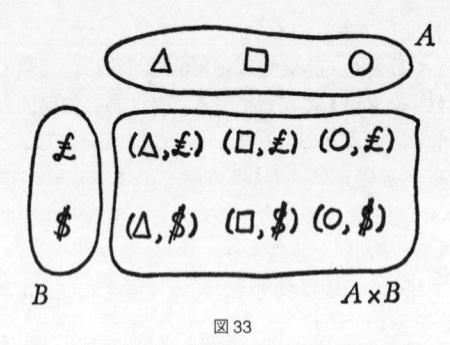

「ここに1つの数学的理論がある．この理論は，点と呼ばれるものと，直線と呼ばれるものと，平面と呼ばれるものを取りあつかう．そして，現実世界の非常に小さい点や非常に細い線や非常に薄い面が，この理論の示すようにふるまうことを期待して，理論を進め，実験を行う．たとえ非常に精密な精度で測定を行ったときに理論と現実が一致しなくても，理論そのものは，やはり正しい」．

数の組という考えを拡張しよう．ここでいう組では，順序も考えに入れていることに注意せよ．グラフ用紙に点 $(1,3)$ と点 $(3,1)$ を書き込んでみればわかるように，組 $(1,3)$ と組 $(3,1)$ とはちがう．その意味で，「順序対」といった方がよい．

任意の2つの集合 A, B について，その元の「順序対」
$$(a,b), \quad a \in A, b \in B$$
を定義する．ここで，順序対というのは，$a=c, b=d$ のとき，そのときだけ

$$(a,b) = (c,d)$$
とする，という意味だ．あらゆる順序対全体の集合 $\{(a, b) \mid a \in A, b \in B\}$ を，A と B の「デカルト積」と呼び
$$A \times B$$
と書く（この名前は，座標幾何学の発明者デカルトの名前をとったものだ）．

たとえば，
$$A = \{\triangle, \square, \bigcirc\}, \quad B = \{£, \$\}$$
とすると，$A \times B$ は図33のようになる．

$A \times B$ と $B \times A$ とはちがうことに注意せよ．前者は順序対 $(\triangle, £)$ を含むが，後者は含まない．

すべての実数の集合を $\boldsymbol{R}$ と書いたので，平面全体は，デカルト積を使って $\boldsymbol{R} \times \boldsymbol{R}$ と書ける．普通はこれを $\boldsymbol{R}^2$ と書く．ユークリッド幾何は，$\boldsymbol{R}^2$ の部分集合の間の関係を研究する数学である．

5 関　数
関数とは何か，一般の写像

　初等数学の中には，関数という名前がついた対象がたくさんある．たとえば，対数関数，3角関数，指数関数など．これらに共通な特徴は，任意の数 x に対して，あるきまった値 $\log(x), \sin(x), \cos(x), \tan(x), e^x$ などが定まる，ということだ．

　また，x の値と関数の値とをプロットしてグラフを描くことも学んだ．図 34 は，上の 4 種の関数のグラフの概形を示す．

　昔からの用語では，この x を「変数」と呼ぶ．関数は，変数 x のおのおのの値に対して，1 つずつの値 y を対応させる．そこで，関数を f という記号で書けば，

$$y = f(x)$$

と書ける．f が関数 log ならば，$y = \log(x)$ となり，関数 sin ならば，$y = \sin(x)$ となる．

　y も x も関数ではない．$f(x)$ は x における関数の値だから，これも関数そのものではない．f だけが関数だ．「……を平方せよ」という関数は，x という値に対して x^2 という値をとるので，

$$y = x^2$$

図 34

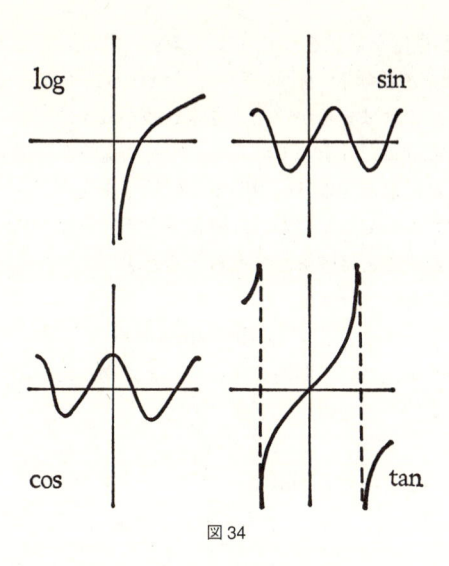

と書く．

公式について

初等数学にあらわれる大部分の関数は，たとえば
$$y = x^2, \quad y = \sqrt{x}, \quad y = |x|$$
あるいはずっと複雑な
$$y = 7x^4 + \frac{\sin(x)}{1+x}$$
のように，1つの式であらわされている．そこで「数学というのは数式の集まりだ」という誤解が生じた．そして，

「次々と複雑な数式を作り，ますますむずかしい計算をしていくのが数学者の仕事だ」と思われるようになってしまった．これはまちがいだ．意味もわからずただ盲目的に形式的な計算だけをしていると，全く馬鹿らしい誤りをおかすことになる．以下の説明では微積分を使うが，それは本質的なものではないから，微積分が不得意な方にも，私の言いたいことは理解してもらえると思う．

かつてあるクラスで，
$$y = \log(\log(\sin(x)))$$
を微分せよ，という問題を出したことがあった．微分の公式を形式的に使えば
$$\frac{1}{\log(\sin(x))} \cdot \frac{1}{\sin(x)} \cdot \cos(x) = \frac{\cot x}{\log(\sin(x))}$$
のようにして，答えが求められる．実際，大部分の学生は，これでできたと喜んでいた．そこで私が，「この関数のグラフを描いてみよ」と言うと，学生たちは，非常に困ってしまった．というのは，この式は実は無意味な式なのだ．任意のxに対して，$\sin(x)$の値は1を超えないから，$\log(\sin(x)) \leqq 0$．そこで，これの対数は存在しない．存在しない関数を微分することなどに関心を持つ人もいるが，私はつまらないと思う．

このように，変数xの値によっては，意味がない式で与えられる関数もある．たとえば，$1/x$は$x=0$のところで，$\log(x)$は$x \leqq 0$のところで，$\tan(x)$はxが$90° \pm 180°n$のところでは定義できない．もっと複雑な例と

しては
$$\frac{\log(x^2-1)}{x^2-5x+6}$$
は，$-1 \leq x \leq 1$ と $x=2, x=3$ では定義できない．

式ではうまく定義できないが，非常に役に立つ関数もたくさんある．どんなものを「式」というのか，という疑問も起こるだろう．正弦関数も，sin という記号を作らなければ，式であらわせない．数学のいろいろな分野で
$$[x] = (x \text{ の整数部分})$$
という関数が必要になる．これを「ガウスの記号」という．また，
$$f(x) = \begin{cases} (x+1)^2 & x < -1 \\ 0 & -1 \leq x \leq 1 \\ (x-1)^2 & 1 < x \end{cases}$$
で定義された，図 35 のような関数が使われることもある．

フーリエ級数の理論では，正方形型の波のような関数（図 36）に出会う．数学者は長い間，これははたして関数かどうか，と議論してきた．普通の関数のグラフとは非常に形がちがうので，とても式ではあらわせそうもない，と思われた．ところが，フーリエ級数の理論によって，この正方形波が
$$\sin(x) + \frac{1}{3}\sin(3x) + \frac{1}{5}\sin(5x) + \cdots$$
という無限級数によって与えられることがわかってから，

図 35

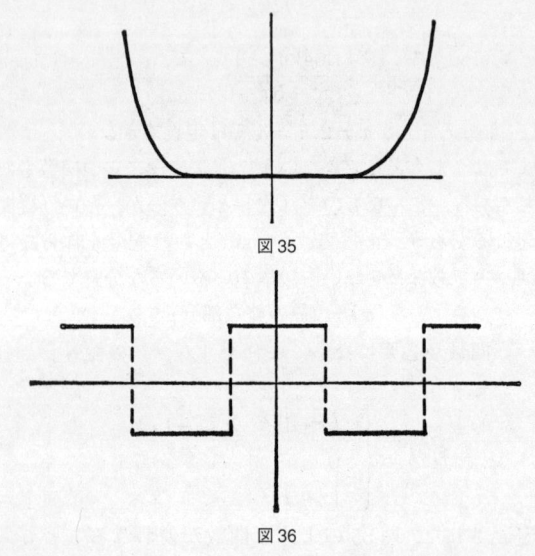

図 36

問題はむずかしくなってきた．昔からなじみ深い 3 角関数から，かどを持ったこの不思議なグラフが生まれてきたのだから．

このようなわけで，果てしない論争が，1 世紀以上も続いた．

もっと一般の関数

関数 f が定義される x の値の全体は実数の集合 $\boldsymbol{R}$ の部分集合で，これを x の「定義域」という．これに属する値に対してだけ，f は定義される．

5 関 数

これまで例にあげたいろいろな関数に共通の性質として，重要なことは，$f(x)$ の値は，定義域の x の値に対して，ただ1つずつ定まることだ．

各関数は定義域のほかに，「値域」が付属する．これは，関数のとり得る値全体の集合のことだ．$\sin(x)$ の値域は，-1 と 1 の間のすべての実数の全体で，x^2 の値域は負でない実数全体だ．

関数は簡単でも，値域が非常に複雑になることもある．
$$f(x) = \sqrt{x!}$$
の定義域はすべての正の整数だが，値域の特徴は簡単には述べられない．

そこで，与えられた関数の値域を精密に定めることには気を使わずに，値域を含み，かつ簡単な性質を持つ集合 T を考えた方が，ずっと役に立つ．このような集合 T を，f の「終域」という．そして，f は定義域 D から終域 T の中への関数という〔注5.1〕．

まとめると，関数は次の3つのものから構成される．
(1) 定義域 D．
(2) 終域 T．
(3) 任意の $x \in D$ に対して，ただ1つの値 $f(x)$ を対応させるような規則．

(3)が核心で，$f(x)$ は，ただ1つ，あいまいでなく決まることが重要だ．たとえば平方根を作る関数は，正の方をとるか負の方をとるかを決めておかなければ，関数とはいえない．また，定義域のすべての x に対して関数が定義

されていることも大切だ．しかし，f の正確な値域を知ることは，それほど重要ではない．正確な値域を求めることはむずかしい場合も多いが，終域 T さえうまく定めておけば，問題をあつかうのにそれほど心配はいらない．

上の条件(3)の中の「規則」という言葉に注意しよう．つまり，各 x から $f(x)$ を作り出す方法のことだ．しばらくの間は，これはわかっているものとする．

さらに，与えられた x から $f(x)$ の値を，原理的には計算できる，ということをつけ加えたい（実際には，この計算はむずかしすぎたり長すぎたりして，とても実行できない場合もあるが）．

これまでの説明では，定義域も終域も実数の集合であった．しかし上の条件(1)，(2)，(3)は，D と T とが一般集合であっても意味がある．さらに，(3)でいう規則も，D と T が実数の集合でない場合にも使える．次の例を見よ．

（i） D をすべての円の集合，T を実数の集合とする．
任意の円 x に対して
$$f(x) = (x \text{ の半径}).$$

（ii） D を正整数の集合，T を素数の集合のすべての部分集合とする．任意の $x \in D$ に対して
$$f(x) = (x \text{ の素因数の集合}).$$

（iii） D を平面の部分集合，T を（集合 $\mathbf{R}^2$ としての）平面とする．$x \in D$ に対して
$$f(x) = (x \text{ の右側 5 cm にある点}).$$

（iv） D をすべての関数の集合，T をすべての集合の

集合とする．任意の関数 x に対して
$$f(x) = (x \text{ の定義域}).$$

どの場合でも，$f(x)$ を定める規則は明快だ．(iii) は特に興味がある．第2章（29ページ）の説明のように，変換 T を
$$T(x,y) = (x+5, y)$$
で定義すると，これは (iii) の f を定める規則と同じものになる．

関数の現代的な定義は，これらすべての例にあてはまる．これからは，D と T を全く任意の集合として，条件 (1), (2), (3) を満足するあるものを「関数」あるいは「写像」とよぶ．昔からの関数は D と T が実数の部分集合であるような特別な場合だ．

$f(x,y) = (x+5, y)$ のような関数は，微積分で「2変数の関数」とよばれているもので，これもまた，上の一般定義の中に含まれている．定義域は実数の対 (x,y)，つまり $\boldsymbol{R} \times \boldsymbol{R} = \boldsymbol{R}^2$ の部分集合だ．

関数という概念はたいへん応用範囲が広く，現代数学の中で最も重要なものの1つである．これから先も，いろいろな形で繰り返してあらわれてくる．そこで，関数に関連した説明を，もう少し続けることにしよう．

関数の性質

定義域も終域も $\boldsymbol{R}$ の部分集合でなければ，そのグラフは描けない．実際，一般の関数概念に対しては，グラフ表

図 37

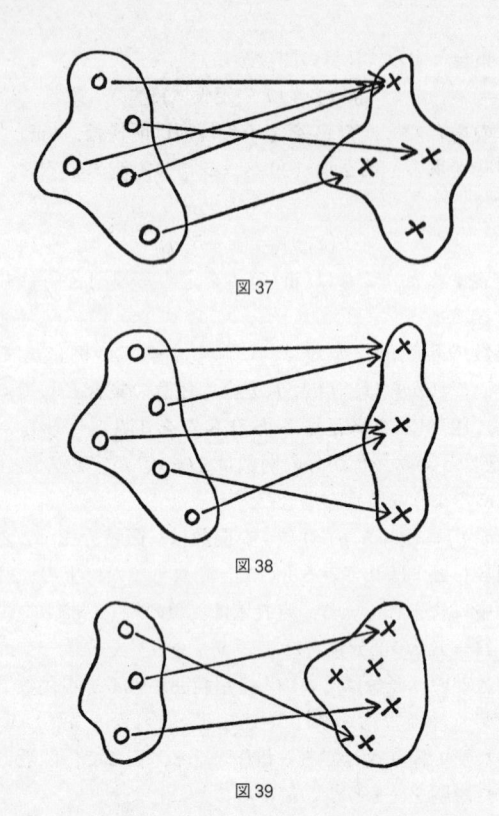

図 38

図 39

現は非常に有効というわけではなく，むしろ図37のような図の方がよい．矢印は，x から $f(x)$ を作る規則をあらわす．

定義域が D で終域が T である関数 f を

$$f : D \longrightarrow T$$

と書き，元の対応を

$$f : x \longmapsto y$$

と書く．

図37では，矢印がきていない点が T の中にある．つまり，f の値域は T 全体にならない．もし f の値域が T 全体ならば，f は「T の上への写像」あるいは「全射」という〔注5.2〕．図で示すと，図38のように，T の元はどれも，D から出る少なくとも1つの矢印の終点となっている．T の1つの点に2本以上の矢印が入っていてもかまわない．T のどの点にも1本以下の矢印しか入っていない（1本もなくてもよい）とき，f は「単射」であるという．単射は，全射である必要はない（図39）．

関数 $f : D \longrightarrow T$ が単射かつ全射であるときは，D の元と T の元とは，ちょうど1つずつ矢印で結ばれている．

そこでこの場合，D と T の関係は全く対称的となり，矢印の向きを反対にすれば，反対向きの関数

$$g : T \longrightarrow D$$

が定義できる．この g もまた，単射かつ全射である（図40）．

このように，反対向きにもできる関数は，これからの研究にも主役をなすもので，これを「双射」あるいは「1対1の対応」という．

f が双射でなくても，反対向きの対応は考えられるが，そうしても関数は得られない．たとえば f が単射でない

図40

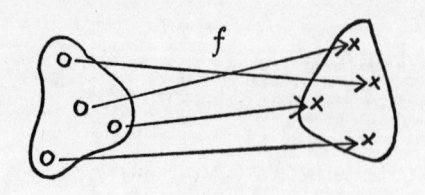

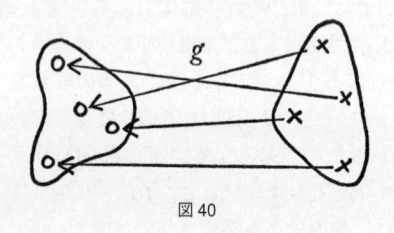

と，ちがった逆矢印が2本出ている点がTの中にあり，関数の条件(3)に反する．つまり，関数とはならない．fが全射でないと，Tの点で矢印が出ていない点があり，T全体では定義されていない．

第2章で，2つの変換FとGから，新しい変換FG，つまり「Gに引き続いてFを行う」という変換を考えた．

変換は関数の一種だから，関数についても，同じやり方が考えられる．

2つの関数fとgがあったとき，関数fgを作るには，任意のxに対して

$$(fg)(x) = f(g(x))$$

と定義すればよい．

図41

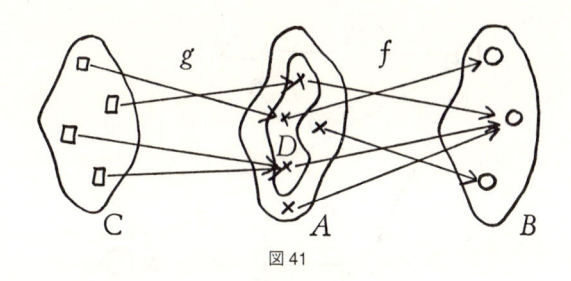

　この式が意味を持つためには，いろいろな条件が必要だ．まず，$g(x)$ が定義されていなければ，$f(g(x))$ はできるはずはないのだから，

①　x は g の定義域に属している

ことはもちろんだ．次に，$f(g(x))$ が作れるためには，

②　$g(x)$ は f の定義域に属している

ことが必要だ．

$$f : A \longrightarrow B, \quad g : C \longrightarrow D$$

に対して，①によって，fg の定義域はいくら広くても C までだが，C 全体で fg が定義できるためには，すべての $x \in C$ に対して②が成り立たなければならない．つまり，g の値域が f の定義域に含まれていなければならない．これらの条件が満足されれば，上の式によって fg が定義でき，これは C から B の中への関数となる．図41を見よ．

　合成関数 fg は「g に引き続いて f を行う」ということをあらわす．もしも，3つの関数 f, g, h について，定義域と値域がちょうどうまい関係になっていれば，「まず h,

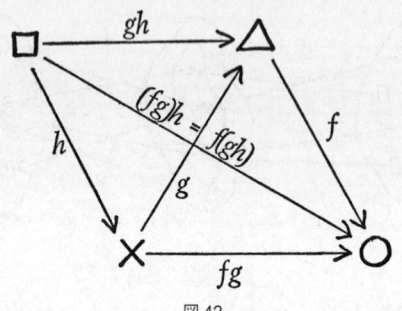

図42

次に g, 最後に f」が行える.このとき,2通りのまとめ方がある.「まず h, 次に fg」というのと,「まず gh, 次に f」の2通りだ.これらはそれぞれ

$$(fg)h \quad \text{と} \quad f(gh)$$

と書けるが,幸いにもこの2つはいつも同じことになる.図で示すと,図42のようになるが,計算では,次のように考えればよい.任意の x に対して

$$(fg)h(x) = (fg)(h(x)) = f(g(h(x)))$$
$$f(gh)(x) = f(gh(x)) = f(g(h(x)))$$

そこで

$$(fg)h = f(gh).$$

このことを関数の合成は「結合法則」を満足するという.

f, g, h を結合するとき,「定義域と値域がちょうどうまい関係になっていれば」と言ったが,その意味はすぐにわかると思う.前の88ページであげたおかしな例

$$\log(\log(\sin(x)))$$

はどうか．これは sin, log, log を合成したもので，上の記号を使うと
$$h = \sin, \quad f = g = \log$$
だ．

sin の定義域は $\boldsymbol{R}$ 全体で，値域は $\boldsymbol{R}$ の部分集合 $[-1, 1]$ だ．また，log の定義域は正の実数全体で，値域は $\boldsymbol{R}$ 全体だ．そこで，関数の合成ができるための条件は，あちこちの点でこわれている．sin の値域は log の定義域の部分集合ではないし，log(sin) の値域は log の定義域に含まれていない．それだから，奇妙なことが起こったのはあたりまえだ．

最後に，矢印を逆転することをもう一度数学的にきちんと整理しておく．

任意の集合 D の上で，「恒等関数」というものを定義する．これは，任意の $x \in D$ に対して
$$1_D(x) = x$$
と定義され，定義域も値域も D である．この関数の作用は，D のどの要素もそのままにしておく．こんなものが役に立つのだろうか．確かにこれは，むずかしい関数ではないが，次のような使い方をするために，是非とも必要だ．

双射 $f : D \longrightarrow T$ を考えよう．矢印を逆転すると，別の双射 $g : T \longrightarrow D$ が得られる．このことを対称的にあらわすために，g に引き続いて f を行うと，どの要素も，変わらないことに注意しよう．同じ矢印の上を，行って帰るだ

けだ．そこで
$$fg = 1_T$$
同じように
$$gf = 1_D.$$

この2つの式は，f と g がおたがいに矢印を逆転させて作られるという事実を，対称的な形に表現している．このとき，f は g の逆関数，g は f の逆関数であるという．矢印を逆転するだけなのだから，逆関数はただ1通りに定まる．

まとめ

この章で説明したのは，ちょっと技術的なことであった．あとのために，大切な点をまとめておく．

関数は，ある集合の上で定義される．

それは，ある集合の中の値をとる．

与えられた要素に対する関数の値をただ1通りに定めるような規則によって関数がきまる．

双射つまり1対1対応は，逆関数が定まるような関数である．

これまで，「規則」という言葉の意味は，説明せずにきた．集合論の用法を使えば厳密な定義もできるが，あまりに立ち入った話になるので，ここでは述べない〔注5.3〕．

6 抽象代数入門
演算を持った集合——群・環・体

代数の学び始めで $2x+(y-x)$ のような代数式を簡単にすることを練習する．このような練習をしばらくやると，もう，この答えが $y+x$ になることが，式を見ただけですぐにわかるようになる．

慣れてくると馬鹿にしたくなるのが，人の常だ．子供のとき，大変な苦労をしたことなど，すっかり忘れてしまう．しかし，式の変形を一段毎にていねいに書き上げてみると，非常にたくさんのステップがあることに気がつく．試しに，上の式の変形を分析してみると，次のようになる：

$$2x+(y-x) = 2x+(y+(-x)) \qquad (1)$$
$$= 2x+((-x)+y) \qquad (2)$$
$$= (2x+(-x))+y \qquad (3)$$
$$= (2x+(-1)x)+y \qquad (4)$$
$$= (2+(-1))x+y \qquad (5)$$
$$= 1x+y \qquad (6)$$
$$= x+y \qquad (7)$$

ステップ(1)と(4)は，$y-x$ と $-x$ の定義を使っただけで，(6)はただの算術だから，問題はない．しかし他の

ステップはみな、ある一般的な計算法則を使っている。それには、代数の記法を使うとはっきりする。つまり、ステップ(2)では、$a+b=b+a$ という法則を、(3)では $a+(b+c)=(a+b)+c$ という法則を、(5)では $ax+bx=(a+b)x$ という法則を、また(7)では $1x=x$ という法則を、それぞれ使っている。

除法についてはあとに回して、加法と乗法の重要な法則をリストにしておく。

(1) 加法の結合法則：
$$(a+b)+c = a+(b+c)$$

(2) 加法の交換法則：
$$a+b = b+a$$

(3) ゼロ元の存在：任意の数 a に対して
$$a+0 = a = 0+a$$
となるような数 0 が存在する。

(4) 加法の逆元（反元）の存在：任意の数 a に対して
$$a+(-a) = 0 = (-a)+a$$
となるような数 $-a$ が存在する。

(5) 乗法の結合法則：
$$(ab)c = a(bc)$$

(6) 乗法の交換法則：
$$ab = ba$$

(7) 単位元の存在：任意の数 a に対して
$$1\cdot a = a\cdot 1 = a$$
となるような数 1 が存在する。

(8) 加法への乗法の分配法則:
$$a(b+c) = ab+ac$$
$$(a+b)c = ac+bc$$

法則がこんなにたくさんあるのだから代数はむずかしい，ということにはならない．法則が多いほど，式を変形する手段も多くなるのだから，勉強はかえってやさしくなるはずだ．

これらの法則のおかげで，さらに進んだ代数記法が使える．たとえば

$$a+b+c$$

のように，括弧なしに書いてもまちがいが起こらないのは，加法の結合法則のおかげだ．

これらの法則を使っていろいろな公式を証明することが，初等代数の中の大きな部分を占める．一例をあげると，よく知られた公式

$$(x+y)^2 = x^2+2xy+y^2$$

は，次のようにして証明する．まず，aa を a^2 と書くこと，$a+a$ を $2a$ と書くこと，$(a+b)+c$ を $a+b+c$ と書くことに，注意しよう．そうすると

$$\begin{aligned}
(x+y)^2 &= (x+y)(x+y) & \text{(記法)} \\
&= x(x+y)+y(x+y) & \text{(法則 8)} \\
&= (xx+xy)+(yx+yy) & \text{(法則 8)} \\
&= (x^2+xy)+(yx+y^2) & \text{(記法)} \\
&= (x^2+xy)+(xy+y^2) & \text{(法則 6)} \\
&= ((x^2+xy)+xy)+y^2 & \text{(法則 1)}
\end{aligned}$$

$$= (x^2 + (xy + xy)) + y^2 \quad \text{(法則 1)}$$
$$= (x^2 + 2xy) + y^2 \quad \text{(記法)}$$
$$= x^2 + 2xy + y^2 \quad \text{(記法)}$$

$(x+y)^3$ や $(x+y)^4$, さらに n が正整数のときの $(x+y)^n$ の 2 項定理も, もっと手はかかるが, やはり法則(1)～(8)だけを使って証明できる.

環 と 体

法則(1)～(8)が成り立つような数のシステムは, $\boldsymbol{Z}, \boldsymbol{Q}, \boldsymbol{R}$ などの普通の数系だけではない. 51～2ページで説明した法 6 の剰余系というシステムでも

$(1+4)+3 \equiv 5+3 \equiv 2 \equiv 1+7 = 1+(4+3),$
$2 \cdot 5 \equiv 4 \equiv 5 \cdot 2,$
$3(2+5) \equiv 3 \cdot 1 = 3 = 0+3 \equiv 3 \cdot 2 + 3 \cdot 5,$

のようになって, やはり法則(1)～(8)が成り立つ. そこで, これらの法則だけを使って証明した $(x+y)^2, (x+y)^3$ などの公式も成り立つことがわかる.

これは, mod 6 に限ったことではない. 一般に任意の正整数 n を法とする剰余系も, 法則(1)～(8)を満足する. そこで, これらのシステムでも $(x+y)^2$ などの公式が成り立ち, その証明の方法もほとんど同じだ.

数学者は, 本来不精者である. mod 2, mod 3, mod 4, mod 5, … のシステムの 1 つ 1 つについて公式の証明を書き上げるのは, 特にそれらがいつも同じ方法でできるときは, 得られた結果に比べて労力が大きすぎる. 法

則(1)～(8)を満足するどんなシステムに対しても,いつも同じ形式の証明ができるということに,どうして気がつかないのか.8つの法則をその度毎に書き上げずに,そのようなシステムに1つの名前をつければ,事態はずっとはっきりするのではないだろうか.

このシステムの名前は「単位元を持つ可換環」という.耳なれない名前だと思うので,ちょっと説明しておく.

s と t が S に属するとき,$s+t$ と st (これは $s \cdot t$ のこと)も S に属するような演算「+と・」が,102～3ページにあげた法則(1)～(5)と(8)を満足するとき,この集合 S を「環」という.さらに,法則(6)が成り立つ環を「可換環」,法則(7)が成り立つ環を「単位元を持つ環」という.この本では,可換でない環や単位元を持たない環の例はほとんど出てこないので,これからは,単位元を持つ可換環という長い名前の代わりに,一番簡単な「環」という名前を使う.

環の2つの演算,加法と乗法を,それぞれ $x+y$ と xy と書くのは,わかりやすくて良い記法だが,便宜的なものにすぎない.たとえば,□ と △ のような記号を使えば,法則(8)は
$$a \triangle (b \square c) = (a \triangle b) \square (a \triangle c)$$
$$(a \square b) \triangle c = (a \triangle c) \square (b \triangle c)$$
のようになるだけのことだ.

基礎の集合 S も,必ずしも数の集合とは限らない.たとえば,mod 7 の剰余系では S は集合 $\{1, 2, 3, 4, 5, 6, 0\}$

だが，この要素 $1, 2, \cdots$ は，本当は普通の数ではない．実際，102～3ページの法則を使って計算している限りでは，それらが何であるかは，問題にしなくてもよい．

次に，T を任意の集合とし，
$$S = \{T \text{ のすべての部分集合}\}$$
とおく．そして，$a, b \in S$ に対して
$$a + b = (a \cup b) - (a \cap b),$$
$$ab = a \cap b$$
と定義する（図43）．

この2つの演算が法則(1)～(8)を満足することのチェックは，書くと長くなるが，実はやさしい．法則(3)の中の0の役割をするのは空集合 $\emptyset$ で，法則(7)の中の1の役割をするのは全体集合 T である．例として，法則(1)の両辺を，図44に示す．

この環では，x^2 はどうなるだろうか．$x^2 = xx$ で，これは $x \cap x$ だから，x と x に属する元の全体，つまり x の元の全体にほかならない．つまり $xx = x$ となる．だからこの環は，任意の元 x に対して $x^2 = x$ となる，という奇妙な性質を持つ．T の元が n 個ならば，S の元は 2^n 個だから，
$$x^2 - x = 0$$
が 2^n 個の解を持つような，おもしろい環が得られた．もしも T が無限集合ならば，この方程式の解は無限にある．

どんな環でも $(x+y)^2 = x^2 + 2xy + y^2$ が成り立つことは，104～5ページで説明した．ところが，この環では任

a+b　　　　**ab**

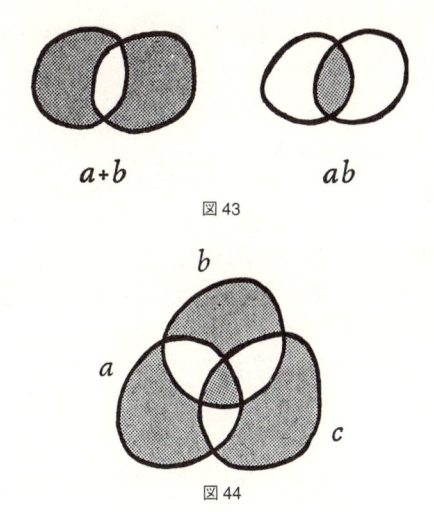

図 43

図 44

意の元について $x^2 = x$ だから
$$x + y = x + 2xy + y$$
法則 (4), (1), (3) を次々に使って, 両辺から同じ元を約すと,
$$2xy = 0$$
がすべての x, y に対して成り立つ. 実は, どんな元 x に対しても
$$2x = x + x = (x \cup x) - (x \cap x)$$
$$= x - x = \emptyset = 0$$
だから, 確かに $2xy = 0$ だ. このようにこの環には, 普通の数の環にない奇妙な性質もあるが, $(x+y)^2$ の公式は,

$x+y=x+y$ というあたりまえのことをいっているに過ぎない.

法則(1)〜(5)と(8)から導かれる性質を研究するのが,「環論」と呼ばれる部門であって,環論の中の定理は,すべての環について成り立つ. 数学者がある研究をしている途中で,これらの法則を満足するシステムに出会ったとすると,彼は「ははあ,これは環だな」とつぶやく. そしてこのシステムは,環論で導かれたすべての性質を持つことを知る.

除法についてはさらに次の2つの法則が重要だ.

(9) 乗法の逆元の存在: $a \neq 0$ ならば,
$$aa^{-1} = 1 = a^{-1}a$$
となるような元 a^{-1} (a の逆数) が存在する.

(10) $0 \neq 1$ (これは,ただ1つの元しか含まないようなつまらないシステムを除くためだ).

法則(1)〜(10)を満足する2つの演算,加法と乗法を持つ集合 S を「体」(くわしくは「可換体」)という. 51ページで逆数について研究したことを思い出せば,法 n の剰余系は,n が素数のときだけ体になることがわかる. したがって,環であって体でないものは,たくさんある. n が素数でないときの mod n の剰余系がその例だ.

歴史的に見ると,環と体という考えは,代数的数,つまり $x^2-2=0$ とか $17x^{23}-5x^5+439=0$ のような整係数の方程式を満足する数の研究から生まれた. あとの方程式の根については,さっぱり見当もつかないが,前の方程式

の根は $\sqrt{2}$ と $-\sqrt{2}$ だ. そして, ある段階で, $a+b\sqrt{2}$ (ここで, a と b は整数) の形のすべての数を考えてみるとよい.

$$(a+b\sqrt{2})+(c+d\sqrt{2}) = (a+c)+(b+d)\sqrt{2}$$
$$(a+b\sqrt{2})(c+d\sqrt{2}) = (ac+2bd)+(ad+bc)\sqrt{2}$$

が成り立つから, この集合は環になる. さらに, a と b を整数に限らずに, 有理数にまで広げると, $a+b\sqrt{2} \neq 0$ ならば $a \neq 0, b \neq 0$ で

$$(a+b\sqrt{2})^{-1} = \frac{a}{a^2-2b^2} + \frac{-b}{a^2-2b^2}\sqrt{2}$$

だから, $a+b\sqrt{2}$ の逆元も存在する. そこで, これは体となる. 代数的数の深い研究は, 環論と体論を自由に使って行われる. 特に, 5次の代数方程式がベキ根によって解けないことの研究の現代的な理論に環論と体論が使われる〔注1.2〕.

幾何学の作図への応用

この本の程度では5次方程式の研究はむずかしすぎるので, もっとやさしい材料で, 考え方だけを説明してみよう.

ギリシア幾何学の有名な難問の一つに「長さ1の線分から, 定木とコンパスだけを使って長さ $\sqrt[3]{2}$ の線分を作図する」という問題があった〔注6.1〕. これは「デロスの神の神託」という物語に脚色されている. ギリシアの数学者は, 円錐曲線を使ってこの問題を解いたが, 本来の規定

の定木とコンパスだけで作図することはできなかった．

次に，この作図法は存在しないことを示そう．

スケールを定めるために，長さ1の線分を決めておく．長さ r と s の2つの線分から，図45に示した方法で，長さ $r+s, r-s, rs, r/s$ の線分が作図できる．

このような方法で作図できる線分の長さ全体の集合 K は，すべての実数の集合 R の部分集合だが，いま見たように，K の中で加・減・乗・除ができるので，K が体になることはすぐにわかる．このことを，K は R の「部分体」であるという．

K の中では加・減・乗・除のほかに平方根も作図できる．図46のようにすればよい．

長さ1の線分からスタートして，図45の作図を次々と

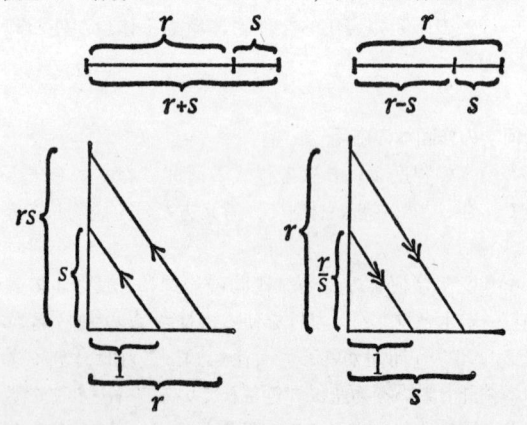

図45

図46

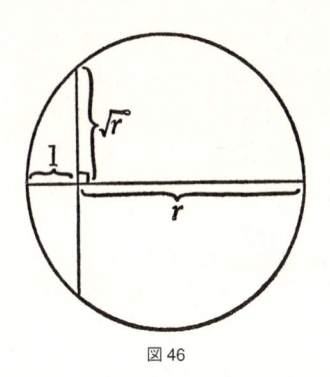

繰り返していくと, $2, 3, 4, \cdots, \dfrac{1}{2}, \dfrac{1}{3}, \dfrac{1}{4}, \cdots$, が, さらに一般にすべての有理数が作図できる. 次に図46の作図を使うと, 任意の有理数の平方根が作図できるから, r を有理数として,

$$p+q\sqrt{r} \quad (p と q は任意の有理数)$$

の形のすべての数が作図できる. $p+q\sqrt{r} \neq 0$ ならば

$$(p+q\sqrt{r})^{-1} = \frac{p}{p^2-rq^2} + \frac{-q}{p^2-rq^2}\sqrt{r}$$

だから, $p+q\sqrt{r}$ の形のすべての数の全体は, 体となる. これを F_1 と書く.

今度は F_1 からスタートする. F_1 の任意の要素 s をとり, $\sqrt{s}$ を作ってから,

$$p+q\sqrt{s} \quad (p と q は F_1 の数)$$

の形のすべての数を作ると, F_1 より大きい体 F_2 ができる. 次に F_2 に同じ手順を繰り返して F_3 を作る. そうす

ると，次々と拡大していく体の無限列

$$Q \subseteqq F_1 \subseteqq F_2 \subseteqq F_3 \subseteqq \cdots \subseteqq F_k \subseteqq F_{k+1} \subseteqq \cdots$$

ができ，どの F_i に属する長さも作図できる．

これらのほかに，作図できる長さがまだあるだろうか．もちろんある．平方根を作るとき，いろいろちがう有理数 $r, s, \cdots$ を選べば，またちがった体の列ができる．

さて，この手順では得られないような作図可能な長さがあるだろうか．実はそのような数はないことを，これから示そう．

どんな幾何学的作図も，次の3種の基本作図の列に分解できる：

(i) すでに作図されている点を結ぶ2つの直線の交点を作図すること．

(ii) すでに作図された点を結ぶ直線と，すでに作図された中心と半径を持つ円との交点を作図すること．

(iii) すでに作図された中心と半径を持つ2つの円の交点を作図すること．

座標幾何学を使って，これらの作図を分析してみよう．まず (i) は，すでに得られた長さに加減乗除を行っただけだ．(ii) と (iii) は，すでに得られた長さの平方根が入ってくるが，それ以上のものは入ってこない．このようにして，作図できる長さはすべて，適当な数 $r, s, \cdots$ の平方根によって，上のような方法で作った体の列のうちのどこかの F_i に含まれることがわかった．

さて，$\sqrt[3]{2}$ の作図の問題に移ろう．もしもこれが作図

可能ならば，この $\sqrt[3]{2}$ はどれかの F_i に含まれるはずだ．$\sqrt[3]{2}$ が平方根だけで表されるとは，とても信じられないが，直観が人をだますことも多い．たいへん複雑な，たとえば

$$3+\frac{2}{7}\sqrt{5+6\sqrt{7}}-\sqrt{13}$$

が $\sqrt[3]{2}$ に等しいというようなことは絶対にないと断言できるだろうか．立方根と平方根は全くちがう種類だから，そんなことはありそうもないが，このちがいを，くわしく研究しなければならない．

まず，$\sqrt[3]{2}$ は有理数でないことを証明しよう．考え方は，$\sqrt{2}$ が有理数でないというよく知られた証明と同じだ．いま $\sqrt[3]{2}$ が有理数だったとする：

$$\sqrt[3]{2} = \frac{c}{d} \quad (c \text{ と } d \text{ は整数})$$

この分子と分母をできるだけ約して，既約分数とする：

$$\sqrt[3]{2} = \frac{e}{f} \quad (e \text{ と } f \text{ は公約数がない})$$

これから

$$2f^3 = e^3$$

そこで，e^3 は偶数，したがって e も偶数だから，$e=2g$ とおいて代入すると

$$f^3 = 4g^3$$

そこで f^3 は偶数，したがって f も偶数となる．これから，e と f は公約数 2 を持つことになり，仮定に反する．

だから $\sqrt[3]{2}$ は有理数ではない.

次に, $\sqrt[3]{2}$ が作図できたと仮定する. 有理数でないことは, いま証明したから, それは, ある体 F_k に含まれるはずだ. k は, 最小のものを選んでおく.

$x = \sqrt[3]{2}$ とおくと, $x \in F_k$ だから, 次のように書ける:
$$x = p + q\sqrt{t} \qquad (*)$$
ここで, p, q, t は F_{k-1} に属するが, $\sqrt{t}$ はそうではない. $\sqrt{t}$ が F_{k-1} に属すれば, $F_k = F_{k-1}, x \in F_{k-1}$ となり, これは k を最小に選んだことに反する. $x^3 - 2 = 0$ だから, $(*)$ を代入して整理すると
$$a + b\sqrt{t} = 0$$
ここで $b \neq 0$ とすると $\sqrt{t} = -\dfrac{a}{b} \in F_{k-1}$ となってしまうから, $b = 0$, そこで $a = 0$ となる.

次に
$$y = p - q\sqrt{t}$$
という数を考えると
$$y^3 - 2 = a - b\sqrt{t}$$
となるが, $a = b = 0$ だから
$$y^3 - 2 = 0$$
が得られる. つまり, x も y も 2 の実立方根となる. 2 の実立方根は 1 つしかないから, $x = y$, すなわち
$$p + q\sqrt{t} = p - q\sqrt{t}$$
これから $q = 0$, $x = p \in F_{k-1}$, これは, F_k の定め方に反する.

このようにして, $\sqrt[3]{2}$ が作図できるとした最初の仮定

は，誤りであることがわかった．

ギリシア数学の他の難問，すなわち，「任意の角の3等分線の作図」も，同じような方法で解決できる．たとえば，$60°$ を3等分する問題は，
$$x^3 - 3x = 1$$
の根 x を作図することに帰着できるが，これは不可能なことが，上と似た方法で証明できる．

「円の平方化」の問題は，$x = \pi$ の作図に帰着する．F_i の数は，平方根を作ることだけによって得られるのだから，それは，有理数係数の代数方程式
$$a_n x^n + a_{n-1} x^{n-1} + \cdots + a_1 x + a_0 = 0$$
を満足しなければならない．リンデマンの有名な定理は，π はこのような方程式の根にはなり得ないことを主張しているが，その証明は大変むずかしい〔注6.2〕．

これに関連して，正多角形の作図について触れておこう．正 n 角形の作図は，方程式
$$x^{n-1} + x^{n-2} + \cdots + x + 1 = 0$$
と密接な関係がある．くわしい研究によれば，p_i が $2^{2^c} + 1$ の形の奇素数，a が非負の整数で，
$$n = 2^a \cdot p_1 p_2 \cdots p_b$$
であるとき，そのときだけ，正 n 角形が作図できる．$2^{2^c} + 1$ の形の素数としては

c	0	1	2	3	4
p	3	5	17	257	65537

などが知られているので，これらの辺数の正多角形は定木とコンパスで作図できることになる．

以上の説明は，すべて正確な作図の場合であって，実用上の要求の程度ならば，十分精密な近似作図法が，いつも存在する．

ふたたび，合同について

法 n の剰余系は環をなすことを証明する．特別の場合として，法 7 の場合を考える．第 3 章で，整数の集合 Z は，1 週間の 7 つの曜日に対応する 7 つの部分集合に分解することを見た．x に合同な数の集合を $[x]$ と書くと，1 週間の各曜日に対応する集合は $[0], [1], [2], [3], [4], [5], [6]$ となる．集合 $[x]$ を「合同類」とよび，x をその「代表元」という（代表元はいくつもある）．あきらかに，$[7]=[0], [8]=[1], [9]=[2], \cdots$, だ．

第 3 章では，7 = 0，8 = 1，9 = 2 などと書いたが，これは本当の等式ではない．しかし，$[7]$ と $[0]$ とは集合として全く一致するのだから，$[7]=[0]$ は本当の等式だ．一般に，$[a]=[b]$ ならば $a \equiv b \pmod{7}$ だから，角括弧を外すと，等式が合同式になる．

次に，合同類の間の加法と乗法を定義しよう．46, 47 ページに mod 7 の加法と乗法の表があるが，これに角括弧をつけてみると

$$[4]+[5]=[2] \tag{1}$$

$$[3]+[1]=[4] \tag{2}$$

6 抽象代数入門

$$[5] \times [2] = [3] \tag{3}$$

ところが，$[2] = [9]$ だから，(1)は

$$[4] + [5] = [9]$$

となる．また $[3] = [10]$ だから，(3)は

$$[5] \times [2] = [10]$$

と書ける．そこで一般に

$$[a] + [b] = [a+b]$$
$$[a] \times [b] = [ab] \tag{*}$$

が成り立つことがわかる．それだから，普通の算術の計算と mod n の計算とは，基本的には同じもので，片方は普通の式だが，片方には角括弧がある，という点がちがうだけだ．

どこまでいっても普通の算術と同じなのだろうか．そうではない．加法と乗法の法則は全く同じだが，片方には $[7] = [0]$ のような変わった性質がある．それだから，普通の算術に，「7の倍数を無視する」という規則を付け加えたものが mod 7 の算術だといえよう．

これらのことを考え合わせると，mod 7 の算術が環をなすことは，ほとんど明らかだ．たとえば103ページの法則(8)を証明するには，次のように進めばよい．

$$\begin{aligned}[a]([b]+[c]) &= [a][b+c] \\ &= [a(b+c)] \\ &= [ab+ac] \\ &= [ab]+[ac] \\ &= [a][b]+[a][c]\end{aligned}$$

他の法則の証明もやさしい．いつも，普通の整数に戻って考えればよい．試してみよ．

一般の法 n の算術でも，全く同じだ．まず，合同類 $[x]$ を定義してから，前ページの(∗)によってそれらの加法と乗法を定義すれば，法則(1)～(8)の成り立つことが容易に証明できる．

(∗)の定義には，ちょっと微妙な意味がかくれていることを注意しておく．

(∗)によると
$$[1]+[3]=[4], \quad [8]+[10]=[18]$$
だが，$[1]=[8]$，$[3]=[10]$ なのだから，同じ加算の答えとして $[4]$ と $[18]$ という2つのちがった答えが出てしまったように，早合点するかもしれない．ところが $[4]=[18]$ なので，すべてはうまくつじつまが合っている．

いつも，このようにうまい組み分けができるとは限らない．いま，$\mathbf{Z}$ を次の2つの部分集合 P と Q に分ける：
$$P = \{整数 \leqq 0\}, \quad Q = \{整数 > 0\}$$
そして
$$x \in P \text{ のときは } [x] = P$$
$$x \in Q \text{ のときは } [x] = Q$$
と定義してみよう．そうすると
$$P+Q = [-5]+[1] = [-5+1] = [-4] = P$$
$$P+Q = [-3]+[6] = [-3+6] = [3] = Q$$
のように，大変おかしな結果となる．つまり，上のような

P, Q に対しては，(*)のような定義は役に立たない．つまり，合理的な定義になっていない．

しかし合同類については，(*)は合理的な定義になっている．実際，$[a]=[a']$, $[b]=[b']$ ならば $a-a'=jn$, $b-b'=kn$ (j, k は非負整数)だから，$(a+b)-(a'+b')=(j+k)n$ で，$[a+b]=[a'+b']$ となり，加法の答えがただ1通りにきまる．乗法についても同様だ．

複素数へのアプローチ

$x^2+1=0$ という方程式を解こうとすると，複素数が必要となる．$i^2=-1$ のような新しい数 i を定義し，$a+bi$ (a と b は実数)の形の数を考え，加法と乗法を，適当な方法で定義する．そうすると，普通の，つまり実数の計算法則さえ仮定すれば，すべては支障なく進み，さらに，除法もできるようになる〔注 6.3〕．

剰余類を利用する，別の導入法がある．mod 7 の整数では $7=0$ が成り立つ．そこで，$x^2+1=0$ が成り立つようにしたいのなら，$\bmod x^2+1$ の合同を考えればよい．考え方はこれでよいのだが，まず合同を考える世界 S を定めねばならない．

S はもちろん x を含む．S の中で加・減・乗ができるのだから，$x+x$, xxx, $xxxx+7x-3$ のような式も，S に含まれる．S は x の多項式の集合になるらしい(実際にそうなる)．多項式の加・減・乗の計算はよく知っているし，また通常の計算法則が成り立つことも，よく知っ

ている．つまり，x の多項式の全体は環となる．この環を $\boldsymbol{R}[x]$ と書く．ここで，$\boldsymbol{R}$ は係数が実数であること，x は変数を示す（ここの [ ] は合同の類とは関係ない）．

環 $\boldsymbol{R}[x]$ で，$\bmod x^2+1$ の合同を考える．2つの多項式の差が x^2+1 で割り切れるとき，それらは「合同」であるという．多項式は，それを x^2+1 で割った余りと合同である．たとえば，
$$x^3+x^2-2x+3 = (x^2+1)(x+1)+(-3x+2)$$
だから
$$x^3+x^2-2x+3 \equiv -3x+2 \pmod{x^2+1}$$
どの多項式も $ax+b$ （a,b は実数）の形の1次式と合同になるので，x^2+1 で割ることによって，2次以上の項を消せる．

定数項のみの0次多項式は実数と同じ働きをし，多項式 x は
$$x^2 \equiv -1 \pmod{x^2+1}$$
だから，i と同じ働きをするので，多項式 $ax+b$ は複素数 $ai+b$ と同じ働きをする．

さらに，$\bmod x^2+1$ の合同類が法則 (1)〜(8) を満足することの証明もやさしい．

次のことを注意しておく．
$$(ax+b)(-ax+b) = -a^2x^2+b^2$$
$$\equiv a^2+b^2 \pmod{x^2+1}$$
だから，$ax+b \neq 0$ の逆元は

$$\left(\frac{-a}{a^2+b^2}\right)x+\left(\frac{b}{a^2+b^2}\right).$$

これはおもしろい．$R[x]$ は環としてスタートしたのに，体が得られた．実数の場合にも，Z は環で，体ではなかったのに，n が素数のときは，$\mathrm{mod}\,n$ で体となった．ここでも x^2+1 が既約多項式なので，このようになったのだ．

体であることがわかれば，複素数の理論は普通と同じように展開できる．この導入法が最良というわけではないが，$\mathrm{mod}\,n$ と $\mathrm{mod}\,x^2+1$ とが平行して議論できる点がおもしろい．

あるゲームへの応用

環と体の理論の，数学以外の応用の1例をあげる．ソリテールというゲームがある．それは

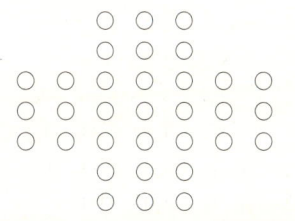

```
      ○ ○ ○
      ○ ○ ○
○ ○ ○ ○ ○ ○ ○
○ ○ ○ ○ ○ ○ ○
○ ○ ○ ○ ○ ○ ○
      ○ ○ ○
      ○ ○ ○
```

のような形に穴のあいた板を使い，中心以外のすべての穴にピンをさしておいて始める．1つのピンを，上下か左右の1つのピンを飛び越して空いた穴に移すと，飛び越されたピンがとれる．1つだけ残してすべてのピンがとり除

けたら，ゲームは終わりだ．残った1つのピンが中央にあれば，なおよい．このゲームを何回も何回もやってみると，最後の1つは必ずしも中央には残らないが，全く勝手な位置にもこないことに気がつく．最後に残る1つのピンの位置には，ある制限がある．

それは，どんな位置だろうか．デブルーインは，4つの元を持つ体を使って，この問題を解いた．4つの元を $0, 1, p, q$ とし，その加法・乗法を次の表で定義する．

+	0	1	p	q
0	0	1	p	q
1	1	0	q	p
p	p	q	0	1
q	q	p	1	0

×	0	1	p	q
0	0	0	0	0
1	0	1	p	q
p	0	p	q	1
q	0	q	1	p

この集合が体となることは，容易に確かめられる．

いま，板の穴の位置に，次のような座標をつける．

$$(-1, 3)(0, 3)(1, 3)$$
$$(-1, 2)(0, 2)(1, 2)$$
$$(-3, 1)(-2, 1)(-1, 1)(0, 1)(1, 1)(2, 1)(3, 1)$$
$$(-3, 0)(-2, 0)(-1, 0)(0, 0)(1, 0)(2, 0)(3, 0)$$
$$(-3,-1)(-2,-1)(-1,-1)(0,-1)(1,-1)(2,-1)(3,-1)$$
$$(-1,-2)(0,-2)(1,-2)$$
$$(-1,-3)(0,-3)(1,-3)$$

ピンの，ある配列を「局面」とよび，局面 S に対して
$$A(S) = \sum p^{k+l}$$

という値を対応させる. ここで $\sum$ は S のすべてのピンの座標 (k,l) についての和を示す. A は, 起こり得るすべての局面 S の集合から, 体 $\{0,1,p,q\}$ への写像だ. たとえば, 次のような局面に対しては,

```
      ○ ○ ○
      ○ ○ ●
○ ○ ○ ○ ○ ○
○ ○ ● ● ● ○
○ ● ● ● ○ ○
      ○ ○ ○
      ○ ○ ○
```

$$A(S) = p^{-3}+p^{-1}+p^0+p^{-1}+p^2+p^3$$
$$= 1+q+1+q+q+1$$
$$= 1+q = p$$

A には, 局面 S が正しい手順で局面 T に移っても, いつも

$$A(S) = A(T)$$

という, うまい性質がある. 証明はやさしい. ピン (k,l) が左隣のピン $(k-1,l)$ を飛び越して, 穴 $(k-2,l)$ の位置にきたとすると, 2つのピン (k,l) と $(k-1,l)$ が1つのピン $(k-2,l)$ に置き換わって,

$$p^{k-2+l}-p^{k-1+l}-p^{k+l} = p^{k+l}(p^{-2}-p^{-1}-1)$$
$$= p^{k+l}(p+p^2+1)$$
$$= 0$$

だからだ. 右・上・下に移した場合も同じだ.

$$B(S) = \sum p^{k-l}$$

も同じ性質がある．そこで，それぞれの局面に，前ページで述べた体の元の対

$$(A(S), B(S))$$

を対応させると，この対は16個あって，これによってすべての局面が16種の集合に分類される．局面が移っても，属する集合は変わらない．

最初の局面では $A(S) = B(S) = 1$ で，最後にただ1つのピン (k, l) が残ると，

$$A(S) = p^{k+l}, \quad B(S) = p^{k-l}$$

だから，最後の局面でも

$$p^{k+l} = p^{k-l} = 1$$

とならねばならない．そこで，$k+l$ も $k-l$ も3の倍数，したがって，k も l も3の倍数となる．このようにして，最後に残った1つのピンの位置は

$$(-3, 0), (0, 3), (3, 0), (0, -3), (0, 0)$$

しかない．

穴の配列がこれとちがうゲームについても，また3次元のゲームも，同じ方法で研究できる．

7 対称性と群
有限群の入門，平面模様

　自然界にはたくさんの対称性があることは，早くから知られていた．人間の身体にしても，垂直2等分平面について対称だ（「2対称」という）．鏡で右と左が反対になるのは，そのためだ．

　図47の2つの図形には，「回転対称性」がある．

　対称線や対称面はいくつもあることもあるし，また回転対称と組み合わさっていることもある．正方形は，対角線および中心を通って辺に平行な直線について2対称であり，また中心のまわりについて，90°の回転対称だ．

　壁紙などには，これらと全くちがった種類の対称性がある．全パターンをある方向に平行に移動しても，全体として全く変わらない．

図47

図48

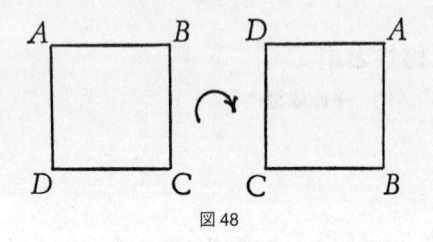

　対称性は，数学研究の重要な手掛りだ．第2章の2等辺3角形の話は，結局はそれが2対称であることに尽きる．数理物理学では，エネルギー保存則を，宇宙のある種の対称性に帰着させる．対称性はこのように，数学に深くかかわり合っているので，まず初めに，きちんとした定義を与えよう．さもないと，「対称な」という言葉を「美しい」，「複雑な」というような，感性的な言葉と混同する心配がある．

　対称ということの本質は，図形をある方法で動かしても，元と同じに見える，ということだ．もちろん1つ1つの点は，元の位置にいるとは限らない．図48のように，正方形ABCDをその中心の回りに90°回転させると，AはBに，BはCに，CはDに，DはAに移るが，全体として見ると変わらない．

　重要なのは点の位置ではなく，運動の操作だ．「中心の回りに90°回転せよ」は，「垂直線について鏡映せよ」と同じく，正方形の対称性をあらわす．これらは，32ページで剛体運動と呼んだものの一種だから，R^2からR^2へ

のある関数で記述できる.

$\boldsymbol{R}^2$ のある部分集合 S に対して,すべての $x \in S$ について $f(x) \in S$ (これを $f(S) = S$ と書く)のような双射 $f: \boldsymbol{R}^2 \longrightarrow \boldsymbol{R}^2$ を,S の「対称」と定義する.幾何学的にいえば,S をその平面上の同じ位置に移すような剛体運動だ.S の個々の点は元の位置に戻らなくてもよい.

平面上だけでなく,3 次元空間内でも同じことが考えられる.

図 47 の左は,(たとえば,時計方向の) 120° の回転について対称だ.この剛体運動を w とする.もう 1 つは 240° の回転で,これを v と書く.ちょっと考えるとこの 2 つしかないようだが,トリビアルな運動,つまりどの点も動かさない運動(恒等運動)I も考えておかなければいけない.結局,この図の対称の集合は

$$\{I, w, v\}$$

となる.

240° の回転は,120° の回転 2 回と同じだから,第 5 章でしたように積を使って $ww = v$ すなわち $w^2 = v$.同様に $v^2 = w$.このほか,どの 2 つの積を作っても,3 つのうちのどれかに一致する.表にしてみると

×	I	w	v
I	I	w	v
w	w	v	I
v	v	I	w

この表を使うと $w^3 = I$ となり，うまく実際と合っている．

2つの対称の積が1つの対称になっていることを，対称の集合は「乗法について閉じている」という．I を含めないと，ある2つの数の和がない算術のようになって，具合がわるい．

乗法を考えた対称運動の集合は，「群」という数学的構造の一例だ．群の定義はあとでくわしく説明するので，ここでは言葉をあげるだけにしておく．図47は回転対称の群を持つ．

人体は，恒等変換 I と垂直面についての鏡映 r の2つの対称性を持っており，乗算表は

×	I	r
I	I	r
r	r	I

で，乗法について閉じている．もっと複雑な例として，正3角形を考えよう．これは，次の6つの対称を持っている（図49）．

　　恒等変換 I，120° の回転 w，240° の回転 v，

　　直線 X, Y, Z に関する鏡映 x, y, z．

この集合 $K = \{I, w, v, x, y, z\}$ は乗法について閉じており，乗算表は

図49

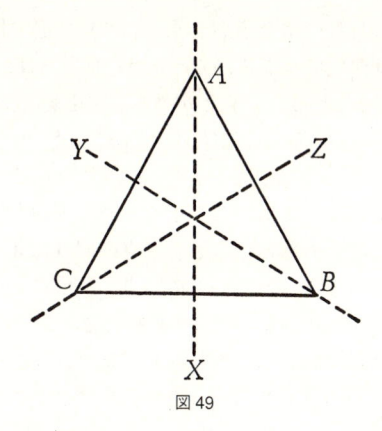

×	I	w	v	x	y	z
I	I	w	v	x	y	z
w	w	v	I	z	x	y
v	v	I	w	y	z	x
x	x	y	z	I	w	v
y	y	z	x	v	I	w
z	z	x	y	w	v	I

たとえば，$wx=z$ となることを，ボール紙を切り抜いた正3角形を実際に動かして確かめてみるとよい．

一般に，ある図形の対称の群を見出すには，

(1) すべての対称性を書き上げる
(2) 乗算表を作る

の2つを行えばよい．

すべての対称の集合 S は，乗法について必ず閉じている．これは偶然ではない．f と g が対称ならば，fg も対称だ．なぜかというと，f と g が集合 S を変えなければ
$$fg(S) = f(g(S)) = f(S) = S$$
だから，fg も S を変えない．

立体図形についても，これまでと同じ理論が考えられる．たとえば立方体は，辺を各頂点の回りに3通り回転でき，任意の頂点は他の任意の頂点に移すことができるから，24個の回転対称があり，鏡映を含めると48個になる．正12面体は60個の回転対称があり，鏡映を含めると120個になる．もちろん，乗算表を書き上げようとしない方がよい．ここでは述べないが，もっと便利な方法がある〔注7.1〕．

群とは何か

環というアイデアが算術から抽象されたように，これらの多くの例から，群というアイデアが抽象された．ゴタゴタ述べる前に，まず定義をあげて説明しよう．

次のものから成り立つ集合が「群」である．
(1) 集合 G．
(2) G の任意の2元 x, y に，G の元 $x*y$ を結びつけるような操作 $*$．
(3) この操作 $*$ は，「結合的」である．つまり，任意の $x, y, z \in G$ に対して
$$x*(y*z) = (x*y)*z.$$

(4) 任意の $x \in G$ に対して
$$I*x = x*I = x$$
となるような単位元 I が，G の中にある．

(5) 各 $x \in G$ に対して
$$x*x' = x'*x = I$$
となるような逆元 x' が，G の中にある．

実例をいくつかあげてみよう．

例1 図47の左図のすべての対称の集合 $\{I, w, v\}$ を G とし，127ページに示した乗法 × を * とする．上の条件をチェックしてみよう．G は * について閉じているから，(2)は成り立つ．(3)は関数についていつも成り立つから，もちろん変換についても成り立つ．動かさぬ変換を I としたので，(4)も成り立つ．$I' = I, v' = w, w' = v$ とすれば，(5)も成り立つ．

例2 G をすべての整数の集合 $\mathbf{Z}$ とし，加法 + を * とすると，この G は群となる．(4)の I は 0 で，(5)の x' は $-x$ だ．

例3 G をすべての実数の集合 $\mathbf{R}$，+ を * とすると，G は群となる．

例4 0以外のすべての有理数の集合を G，乗法 × を * とすると，これも群となる．

例5 平面の部分集合 S のすべての対称の集合を G，対称の結合を * とすると，G は群となる．

群となるためには，条件(1)～(5)のうちの1つでも欠けてはいけない．

例1 -10 と 10 の間の整数の集合を G, $+$ を $*$ とすると，条件(2)が成り立たない（$6+6$ は G の元でない）．

例2 1 より大きいすべての整数の集合を G, $+$ を $*$ とすると，条件(4)が成り立たない（単位元 0 が G に入っていない）．

例3 すべての整数の集合を G, $-$ を $*$ とすると，
$$(2-3)-5 = -6, \quad 2-(3-5) = 4$$
だから，条件(3)が成り立たない．

例4 すべての有理数の集合を G, $\times$ を $*$ とすると，条件(5)が成り立たない．I としては 1 が使えるが，$0'0 = 1$ となるような数 $0'$ は存在しない．

操作 $*$ について，いくつかの注意をしておく．

$x, y \in G$ の任意の組 (x, y) に対して，ただ1つの $x*y \in G$ が決まるのだから，$*$ は (x, y) の集合 $G \times G$ から G への関数
$$* : G \times G \longrightarrow G$$
である．$x*y$ は $*(x, y)$ を略記したものだ．このことが確かめられれば，条件(2)は省いてもよい（同じ意味だから）．

群の意味がよく理解できれば，$x*y$ を xy，x' を x^{-1} と書いてもよいだろう．ただし整数の加法群のときは，xy は $x+y$ を，x^{-1} は $-x$ をあらわす．まちがえぬように注意せよ．

部 分 群

129ページで説明した6元の対称の群の中で，$\{I, w, v\}$ だけで1つの小さな群になっている．このことは乗算表からも，また実際の操作からもわかる．この小さな群を，元の大きな群の「部分群」という．

群の勝手な部分集合が部分群というわけではない．$H = \{x, y, z\}$ とすると，$xy = w$ は H に入っていないから，H は部分群ではない．

H が G の部分群ならば，$h, k \in H$ のとき，もちろん

(1) $h * k \in H$
(2) $h^{-1} \in H$

でなければならない．これから

(3) $I = h * h^{-1} \in H$

逆に(1)と(2)が成り立てば，H は部分群になる．結合法則は G の中で成り立っているのだから，もちろん H の中でも成り立つ．

部分群の例はたくさんある．整数の加法群の中で，すべての偶数の集合，3のすべての倍数の集合，4のすべての倍数の集合，5のすべての倍数の集合，……はみな部分群だ．G 自身も部分群だし，$\{I\}$ も部分群だ（この2つを「トリビアルな部分群」という）．

正3角形の対称の群 K の部分群は，次の6つである．

$\{I, w, v, x, y, z\}$ $\{I, y\}$
$\{I, w, v\}$ $\{I, z\}$
$\{I, x\}$ $\{I\}$

群の元の個数を，この群の「位数」という．上の例で，位数6の群の部分群の位数は $6, 3, 2, 1$ で6の約数だ．他のいくつかの例を調べてみるといつもそうなることがわかる．そこで，

「部分群の位数は，もとの群の位数の約数である」

という定理が推測できる．

$$K = \{I, w, v, x, y, z\}$$

とおき，

$$J = \{I, x\}$$

をその部分群とする．任意の元 $a \in K$ をとり，J の各々の元に a を乗じて「類」

$$J*a = \{I*a, x*a\}$$

を作る．これを計算してみると，次のようになる．

$$J*I = \{I, x\} \quad J*x = \{I, x\}$$
$$J*v = \{v, z\} \quad J*z = \{v, z\}$$
$$J*w = \{w, y\} \quad J*y = \{w, y\}$$

これから，次のようなことがわかる．

(1) 異なる類は3種類．
(2) そのうちの1つは J 自身．
(3) 異なる類には共通な元がない．
(4) K の要素はどれかの類に入っている．
(5) 各類の元の数は2で，みな同じ．

そこで，次の関係が得られた．

$$2 \cdot 3 = 6 \quad (K \text{の位数})$$

一般に，群 G とその任意の部分群 J について(1)〜(5)

と類似のことが証明できるので，GとJの位数gとj，類の個数cについて

$$jc = g$$

が成り立つ．そこで，jはgの約数となる．

これは興味ある定理だ．群・部分群という抽象的なアイデアから具体的な数値関係が出るのだから．いま，位数615の元があったとすると，乗算表など作らなくても，部分群の位数は

$$1,\ 3,\ 5,\ 15,\ 41,\ 123,\ 205,\ 615$$

以外にはない．

これらのすべてが生じるのだろうか．正12面体の対称群の位数は60だが，位数15の部分群はない．一般に次の定理が成り立つ．

シローの定理 Gの位数gの約数hが素数のベキならば，位数hの部分群がある．

そこで，位数60の群には，位数2,3,5などの部分群があり，位数615の群には，位数3,5,41などの部分群がある．

同　型

位数6の群Lを作ってみよう．$S=\{a,b,c\}$とすると，Sの双射（順列）は6つあるので，これをp,q,r,s,t,uとし，各双射$p,q,r,\cdots$による，Sの元の像を次のように定める．

	p	q	r	s	t	u
a	a	a	b	b	c	c
b	b	c	a	c	a	b
c	c	b	c	a	b	a

これはたとえば
$$q(a) = a, \quad q(b) = c, \quad q(c) = b$$
などという意味だ．

次に，2つの双射の乗算表を作ってみよう．たとえば，rs は，
$$rs(a) = r(s(a)) = r(b) = a$$
$$rs(b) = r(s(b)) = r(c) = c$$
$$rs(c) = r(s(c)) = r(a) = b$$
だから，$rs = q$ ということがわかる．そこでこれらの双射の乗算表は次のようになる．

×	p	q	r	s	t	u
p	p	q	r	s	t	u
q	q	p	t	u	r	s
r	r	s	p	q	u	t
s	s	r	u	t	p	q
t	t	u	q	p	s	r
u	u	t	s	r	q	p

これは，正3角形の対称群（129ページ）とはちがう．しかし，どちらも位数が6ということ以外に，よく似た

点がある．

正3角形の対称群で，頂点 A, B, C は次のように移った．

	I	w	v	x	y	z
A	A	B	C	A	C	B
B	B	C	A	C	B	A
C	C	A	B	B	A	C

そこで，剛体運動と順列との間に関係がつく．つまり，A, B, C を a, b, c と対応させれば，両方の群の元どうしが，

$$\begin{array}{cccccc} p & q & r & s & t & u \\ \updownarrow & \updownarrow & \updownarrow & \updownarrow & \updownarrow & \updownarrow \\ I & x & z & w & v & y \end{array}$$

のように対応する．そうすると，129ページの $K = \{I, w, v, x, y, z\}$ の乗算表と前ページの $L = \{p, q, r, s, t, u\}$ の乗算表とは，全く同じ配列となり，この2つの群は全く同じ構造を持つことがわかる．

このアイデアをもう少し精密にするために，

$$f(I) = p, \quad f(x) = q, \quad \cdots$$

のような，2つの群の元どうしを対応させる関数 f を考える．f の定義域は K で，値域は L だ．$\alpha, \beta \in K$ とすると，K の表の α の行と β の列の交点には $\alpha * \beta$ がある．K の中の結合と L の中の結合を同じ $*$ で書くと，対応する L の表の $f(\alpha)$ の行と $f(\beta)$ の列との交点にある $f(\alpha) * f(\beta)$ は，ちょうど $\alpha * \beta$ に対応するから，

$$f(\alpha * \beta) = f(\alpha) * f(\beta) \tag{$*$}$$

が，任意の $\alpha, \beta \in K$ について成り立つ.

一般に，2つの群 G, H に対して，任意の $\alpha, \beta \in G$ について(*)が成り立つような双射
$$f: G \longrightarrow H$$
が存在するとき，G と H は「同型」だという．同型な2つの群は，元の名前がちがうだけで，抽象的構造は全く同じだ．群の本質は，その元の結合の仕方にあるのだから，同型な群は同じものだとみなしてもよい．

K の部分群は6つあったから，L の部分群も6つある．たとえば，$\{I, w, v\}$ には $\{p, s, t\}$ が対応する．

もちろん位数の同じ群が同型とは限らない．mod 6 の剰余群は位数6で，加算表は次のようになる．

+	0	1	2	3	4	5
0	0	1	2	3	4	5
1	1	2	3	4	5	0
2	2	3	4	5	0	1
3	3	4	5	0	1	2
4	4	5	0	1	2	3
5	5	0	1	2	3	4

この群を M とする．M と正3角形の対称群 K とは同型だろうか．M から K へのすべての双射は720種しかないから（有限），その1つ1つについて，関係（*）が成り立つかどうかを調べるのは，確かに1つの方法だ．

7 対称性と群

たとえば,
$$f(0) = I, \quad f(1) = w, \quad f(2) = v$$
$$f(3) = x, \quad f(4) = y, \quad f(5) = z$$
としてみると
$$f(1+2) = f(3) = x$$
$$f(1) * f(2) = w \cdot v = I$$
で，(*)は成り立たないから，同型ではない．

別の方法もある．M の元の名前に無関係な性質，たとえば「部分群がいくつあるか」という性質を考えよう．M の部分群は
$$\{0\}, \{0,3\}, \{0,2,4\}, M$$
の4つだ．他方，K の部分群は6つあったので，M と K は同型でないことがわかる．

720種の双射を調べるより，この方がずっと簡単だ．もっとやさしい方法がある．M では交換法則 $\alpha + \beta = \beta + \alpha$ が成り立つ．K が M と同型だとすると
$$f(\alpha) * f(\beta) = f(\alpha + \beta) = f(\beta + \alpha) = f(\beta) * f(\alpha)$$
で，K でも交換法則が成り立つはずだ．ところが
$$vx = y, \quad xv = z$$
で等しくない．だから，K は M と同型ではない．

見かけ上はちがっている2つの問題が，基本的には同じものだ，ということを認識できるという点で，同型関係は非常に重要で役に立つ方法だ．同型な構造があれば，それらの間の関係のヒントが得られる．

2つの群がなぜ同型なのか，と考えると，展望が開け

ることがある．一般に5次方程式の5つの根の順列の置換群の位数は60で，正12面体の回転群の位数も60だ．この2つの群の間には，同型関係がつけられる．この関係に注目したクラインは，5次方程式，回転群，複素関数論，の3つの理論の間の深い関連を発見した．これによって，5次方程式はある種の複素関数（楕円関数）を使って解ける，という以前から知られていた事実が解明された．以前は，ただの形式的な計算でこのことを証明していたのだが，クラインは，なぜそうなのか，という深い理由を発見したのだ．

パターンの分類

対称性があるところには，いつも群があり，この群を使って，対称性が研究できる．それだけではない．群を使って対称性の分類ができ，場合によっては，対称性はこれだけしかない，と決定することもできる．

壁紙の模様には平面上の対称図形が多い．この模様の対称群はある種の剛体運動で，平面上のすべての剛体運動の部分群だ．これを研究するには，壁紙模様とは何か，ということを，正確に言っておかねばならない．それは左右上下に限りなくのびており，たがいに他の中に入り込まずに，離れ離れにかたまっているという意味で，離散的である．そうして剛体運動の群を分類すると，壁紙模様は，図50〜52に示すような17種しかないことがわかる〔注7.2〕．

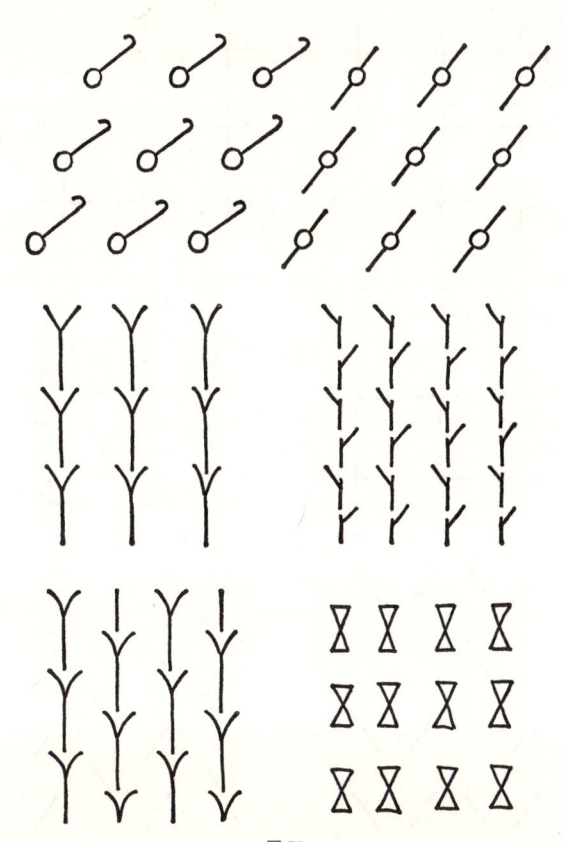

図 50

図 51

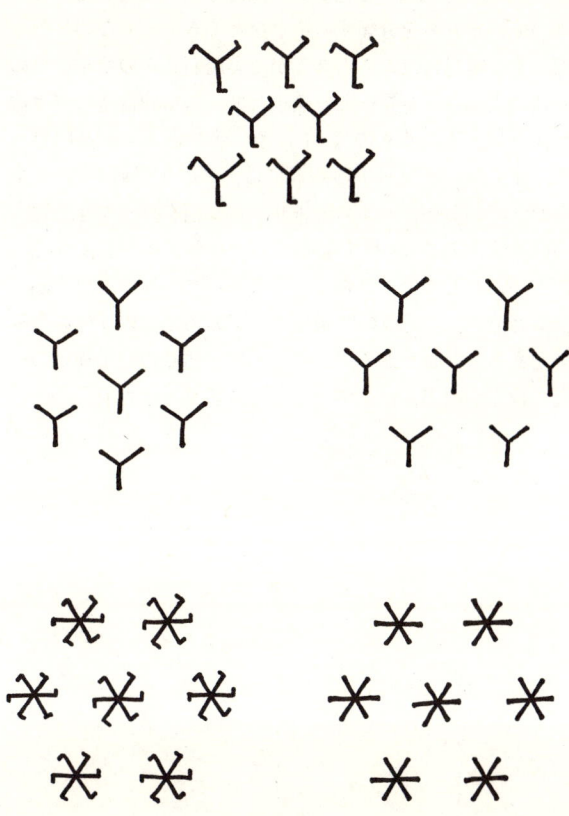

図 52

壁紙のサンプル帳を見ると，何百という模様が並べてあるので，それらを分類することなどできそうもないと思うだろう．本当にたくさんあるが，実用面からの要求のための色，大きさ，紙質などを無視して，基本的構造にだけ注目すれば，異なるものは17種類しかないことが証明できる．すでに，アラビアの陶器には，この17種がすべてあらわれているが，いまの壁紙サンプル帳を持ってきて現代の図案家がこの17種を尽くしているかどうかを調べてみると，おもしろい．恐らく，そうなっていないと思うが．

3次元空間で同種の問題を考えてみると，230種の対称群があることがわかる．このことは，結晶の分子構造の研究に役立つので，結晶学にとって大切だ〔注7.3〕．

8 公理とは
公理系とモデル，不思議な幾何学

　いうまでもなく，数学にはいろいろなレベルがある．小学生は，特別な数をあつかう問題を勉強する．中学生になると，その対象は個々の整数ではなく，すべての整数に共通な性質となる．つまり，個々の数から整数環 Z に移る．環論に進むと，1つの特殊な環ではなく，すべての環のクラスを研究する．数学の研究対象はだんだんと1つにまとめられるようになる．

　この章で話したいことは，この段階をさらに進めることだ．つまりこれから論じることは，環論，体論，群論，幾何学などすべての理論に共通な問題だ．

　さて，「群」，「環」，「体」などの定義の仕方には，よく似ている点がある．まず，いくつかの基本的な用語を導入するが，この用語そのものは決して定義せず，それらが満足すべきいくつかの法則を列挙するだけだ．これらの法則を「公理」とよび，構成された全体を「公理系」（公理的システム）という．

　公理が正しいと「信じる」ことは要求されない．公理は実在に対応していないのだから，そのような要求は無意味であり，不必要だ．公理はゲームのルールのようなものだ

から，ルールを変えれば，ゲームはちがったものになる．

公理系を出発点として，次に，いくつかの論理的推論を行う．これらの推論は，次の形をとる．

「もしも公理が成り立てば，これこれのことが成り立つ」

公理が正しいかどうかを問うことは，議論にならない．ローマ帝国が崩壊したことは事実だが，しかし，「もしもローマ帝国が崩壊しなかったとしたら何が起こったか」という議論をしても，いっこうにかまわない．問題は，論理の正しさだけだ．

また，公理をある特別な場面に応用するという問題も生じる．公理的理論を現実世界に応用しようとするとき，現実世界がこの理論の示すように振舞うかどうかを論じることは，十分に意味はあるが，しかしこれは，公理的理論とは関係なく，実験や経験によって答えられるべき問題だ．同じように，数学のある部門に群論を応用するためには，問題の対象が群であることをチェックしなければならないが，このチェック作業は，群論そのものには，何の影響も与えない．「群の公理は真であるか」と問うことは，ナンセンスだ．

公理的方法の力は，少数の仮定から大きな体系を構成できる，という点にある．あるシステムが公理の仮定を満足すれば，この公理から導かれるすべての結論が必然的に約束される．したがって，ほんの少しの性質さえチェックすれば，理論の全体が応用できる．

公理系という考えが生まれたのは，わり合いに最近のことだ．古代ギリシア人が幾何学の公理を設計したときの公理は，理想化されたとはいえ，具体的世界に関するものであった．事実，公理は「明白に真であるもの」と一般には了解されており，辞書にもそう書いてある．しかし，数学で公理というのは，そうではない．たとえば群の公理を考えてみても，決して明白というものではない．

ユークリッドの公理

ユークリッドは幾何学のいくつかの公理をあげたが，そのうちの最も重要なのは，次の公理である〔注8.1〕．
(1) 任意の2点を通る直線がある．
(2) 2つの直線は高々1点で交わる．
(3) 任意の有限線分は，いくらでも延長できる．
(4) 任意の点を中心とする任意の半径の円が描ける．
(5) すべての直角は等しい．
(6) 任意の直線と，この直線の上にない任意の1点が与えられたとき，この点を通り与えられた直線と平行な直線はただ1つある．

これらのうち(6)は，他の公理ほど明白とは思えないので，ユークリッドの体系の美しさを損なうものと考えられていた．そこでこれを他の公理から証明しようとするたくさんの試みがなされてきたが，それらはすべて失敗であった．

あとの155ページで，公理(6)は他の公理からは導かれ

ないことを証明するが，もっと興味深い問題は，「この現実世界では，公理(6)は成り立つか」ということだ．もちろん，これは数学の問題ではなく，実験で答える問題だ．古代ギリシア人がそのような実験をしたとすると，どうなるか．ローマとアテネを通る2本の「平行線」，たとえば経度線を引いてみると，南極で交わる．だから地球の表面上の幾何学では，平行線公理は成り立たない，と結論するだろう．

この議論はちょっとおかしい．私達は，地球は球形で，ユークリッド幾何は球面ではなく平面に当てはまることを知っている．しかし，実は，地球が球面であることが私達にわかるのは，そこでユークリッド幾何が成り立たないからだ．そうすると，ユークリッド幾何がもし誤りであるとすれば，地球が球形である必要はない．

もっと正しい実験は，たとえばレーザー光線――あるいは直線と思われる他のもの――を使えばよい．平行な2本のレーザー光線を銀河空間に向けて発射し，それが交わるかどうかを調べる．残念なことには，これは実際にできるような実験ではない（もしも現代の天文学者の言っていることが正しいとすれば，これを実行したとしても，ユークリッド幾何は検証できないだろう）．

無矛盾性

このようなわけで，公理的理論を展開し始めたとすると，心理的な面では，どのように理論を展開すればよいか

というアイデアの問題はあるが，論理的演繹を進めるにあたって頼れるのは公理しかない．公理を使ってある定理を証明する．次に，この定理を使って他の定理を証明する．公理はだんだんと広がっていく定理の波の源泉であって，すべての結論は，公理に依存する．

公理系が適当なものならば，いくら推論を進めて行っても，たがいに矛盾する2つの定理が証明されることはない．さもないと，あらゆる命題が証明できることになり，この理論全体が，全く役に立たない体系となってしまう．

数学者ハーディは，かつて夕食の席でこのことを述べたところ，席上の懐疑論者から，「"2+2=5ならばシェクスピアはミルトンである"ということを証明して下さい」といわれた．ハーディは，ちょっと考えて次のような返事をした．「2+2=4は知っているから，もしも2+2=5ならば，5=4だ．両辺から3を引くと2=1となる．シェクスピアとミルトンは2人だ．したがって，シェクスピアとミルトンは1人だ」．

議論をもっと進めるためには「背理法による証明」という方法を思い出す必要がある．いま，命題pを証明したいとする．まず，pは誤りであると仮定し，これから，相反する2つの命題を導く．これでは困るので，pが誤りである，という仮定は正しくない．したがって，pは真である．この方法が正しいことは，現代の数学的論理学によって確立されている．すでに6章の113〜4ページで，$\sqrt[3]{2}$が無理数であることの証明にこれを使った．いまある

公理系から矛盾する2つの命題rとsが証明されたとする．たとえば，rは「バターは安い」で，sは「バターは安くない」とする．定理rとsは，どちらも公理から導かれたのだから，この公理系に任意の命題pを付け加えた公理系から導かれる（実際にはpそのものを使わなくてもかまわない）．そうすると，pが何であっても，上の背理法の最終段階の矛盾を示すのに，このrとsが使える．

たとえば，「猫は犬だ」を証明するために，その反対「猫は犬ではない」を仮定する．そうして，この公理系から，たがいに反する命題「バターは安い」，「バターは安くない」を導く．すなわち，始めの仮定は誤りであって，「猫は犬である」は真である．

同じやり方で全く同様の議論を進めれば，「猫は犬ではない」ということも証明できる．

かくして，全体系が病的になってしまう．同じ問いに対して，時にはイエス，時にはノーと答えるお告げには我慢もできようが，どんな問いに対しても，いつもイエスといい続けるお告げなど，全く役に立たない．

それ自身の中に，相反するものを含まない公理系は，「無矛盾」だという．公理系の無矛盾性は絶対的な条件で，この重要性を最初に力説したのは，公理論の建設者のダフィット・ヒルベルトだ．

矛盾を含む理論でも，それが本当に矛盾を含むことを示すのは，そんなにやさしくはない．これは非常にデリケートな問題だ．体の公理系は無矛盾だが，108ページの公

理(9)を,

(9)′ すべての元は, 乗法の逆元を持つ

と言い換えると, このシステムは矛盾となる. なぜかというと, 0 の逆元を 0^{-1} とすると,
$$(0 \cdot 0) \cdot 0^{-1} = 0 \cdot 0^{-1} = 1$$
$$0 \cdot (0 \cdot 0^{-1}) = 0 \cdot 1 = 0$$
となるが, 公理によって $0 \neq 1$ なのだから, 結合法則が成り立たない (これが, 初等数学で, 「0で割るべからず」という理由だ).

このようにして, ほんのちょっとした修正で, 無矛盾系が矛盾系に変わることがある. だから, どこを修正したかを知らなければ, あとの系が矛盾系であることは, すぐにはわからない. 与えられた公理系が如何に簡単そうに見えても, 無矛盾の議論はいつも必要だ.

モデル

ヒルベルトはまた, 公理系に「完全性」と「独立性」の 2 つの条件をつけた.

完全性を説明するには, 公理系における証明というものを, よく考えなければいけない. この公理系のある命題を p とする. p の証明は命題の列で, そのそれぞれは公理か, さもなければそれ以前の命題の論理的結果で, 最後の命題が p だ. 第 6 章の, 命題
$$(x+y)^2 = x^2 + 2xy + y^2$$
の証明が, その 1 つの例だ. 任意の命題 p に対して, p の

証明か非 p (non-p；pでない) の証明が得られれば，この系は完全であるという．言いかえれば，この系で考えられる任意の命題について，それが真であるか偽であるかの証明を得るに十分なだけの公理があるとき，この系は完全であるという．

完全な公理系には新しい公理を付け加えても意味がない．それがすでにある公理から導かれるのなら不要であるし，それらと反するのなら，矛盾となる．

どの公理も他の公理から導かれないとき，この公理系は独立であるという．

ある公理系が完全なことを証明するには，考え得るすべての証明を検討しなければならないので，実際にはむずかしい．しかし，公理系の独立性を証明するには，簡単な方法があり，ついでに無矛盾性も証明されることがある．それはモデルというアイデアである．

公理系の「モデル」とは，適当な解釈によって公理がすべて真となるようなシステムをいう．任意の具体的な群は，群の公理のモデルで，公理のいう演算 $*$ は，考えている特別な群の演算と解釈できる．同様に，任意の環は環の公理系の，任意の体は体の公理系のモデルだ．また座標幾何学で，実数の対 (x, y) を点と解釈し，直線，円なども通常のように解釈すれば，それはユークリッド幾何のモデルとなる．

公理系のモデルを作ることができれば，この公理系は無矛盾のはずだ．乗算表は群のモデルを定める．最も簡単な

8 公理とは

例をあげると

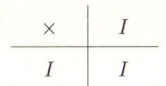

×	I
I	I

　もしも群の公理系が矛盾を含むとすると，どんな命題も証明できるから，たとえば，「どの群にも 129 個の要素がある」という命題も証明できる．上のモデルは群の公理系を満足するから，この命題も成り立つはずだ．ところがこの群の元は 1 つしかない．そこで，群の公理系は無矛盾である．

　ちょっとちがった方法もある．この公理系から導かれた定理に矛盾があれば，それはこのモデルにもあらわれるはずだから，このモデルはある性質 p を持つ，および，持たない，のどちらも証明できる．ところがこのモデルは性質 p を持つか持たないかのどちらかで，両方とも成り立つことはない．だから，始めの公理系は無矛盾だ．

　独立性の証明には，モデルが特に役に立つ．たとえば，結合法則が群の他の公理と独立なことを証明したいときは，群の他の公理はすべて成り立つが結合法則だけは成り立たないモデルが作れればよい．結合法則が他の公理から導かれるならば，このモデルでも結合法則が成り立つはずだが，そうなっていないからだ．

　乗算表を使って，このようなモデルを構成してみよう．130〜1 ページの公理 (1), (2), (4), (5) は成り立つが，(3) は成り立たないようにしたい．(4) でいう単位元を a

とすると，まず，

×	a	b	c
a	a	b	c
b	b		
c	c		

ができる．公理(5)は逆元の存在を要求している．$a^2=a$ だから，a の逆元は a だ．$bc=cb=a$ のように定めると，乗算表は次のようになり，公理(1), (4), (5)が成り立つ．

×	a	b	c
a	a	b	c
b	b		a
c	c	a	

次に公理(2)を考えると，上の表の b^2, c^2 を埋めねばならない．c, b を入れると，127ページの表と同じになってしまうので，両方に b を入れる．

×	a	b	c
a	a	b	c
b	b	b	a
c	c	a	b

そうすると

$$(cc)b = bb = b$$
$$c(cb) = ca = c$$

で，結合法則は成り立たない．これで結合法則が他の公理と独立なことを示すモデルができあがった．

モデルを作るのは，理屈だけでなく，経験と勘がいる．

完全性と無矛盾性の問題は，第20章でもう一度説明する．ここでの目的は，ユークリッドの平行線の問題に，モデルの方法を適用することだった．

ユークリッドの弁明

次のことが問題だ．「ユークリッドの平行線公理は，他の公理と独立か」．問題をこのようにとらえられれば，半分まで解けたことになるが，むずかしいのは独立であったときの証明だ．他の公理から証明できるか，他の公理から否定されるかの2つの可能性があるが，これですべての場合が尽くされてはいない．

まず，ユークリッド幾何の公理系は無矛盾という仮定をおかねばならない．そのわけは，ユークリッド幾何をモデル作りの材料に使いたいからだ．もしもそれが矛盾を含めば，独立性の問題など消しとんでしまう．

平面上に円 Γ を描く．Γ の内部をモデルに使う（図53）．混同しないように，モデルの用語には，下にアンダーラインを引いておく．

<u>点</u> ＝ Γ の内部の点

<u>直線</u> ＝ 直線の，Γ の内部の部分

<u>円</u> ＝ 円の，Γ の内部の部分

<u>直角</u> ＝ Γ の内部の通常の直角

図の中のラベル: 点、直線、円、直角、Γ

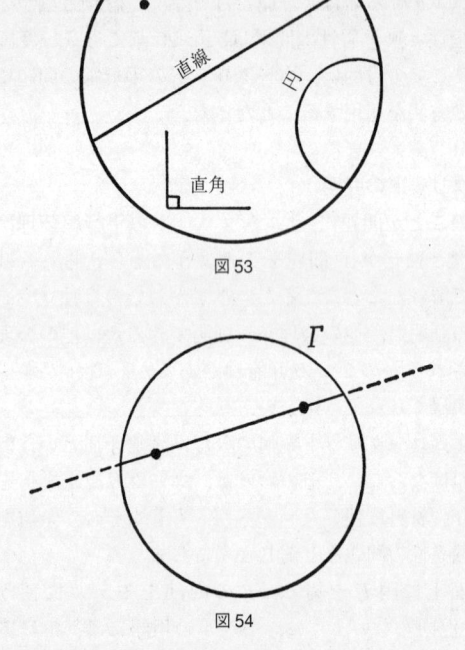

図 53

図 54

さて，147ページにあげた公理をチェックしよう．

(1) 任意の2点を通る直線がある．

これは正しい．2点をとると，それはΓ内部の通常の点だから，それらを通る直線がある．Γの外部の部分を除けば，求める直線となる（図54）．

図 55

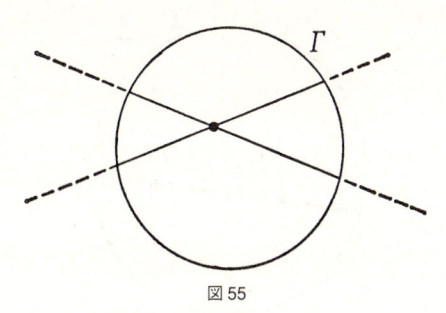

(2) 任意の 2 直線は高々 1 点で交わる.

これも正しい. 2 直線は高々 1 点で交わる 2 直線の一部分だから, 高々 1 点で交わる (図 55).

(3) 任意の有限な直線はいくらでも延長できる.

これはむずかしい. ちょっと考えると, 有限直線を延長していくと, すぐに Γ の外に出てしまって, 直線でなくなるように思える. しかしユークリッドでさえも, 平面のいわばふちを越えてまで延長することは考えなかっただろう. ここのモデルは Γ の内部だけの世界なのだから, その外側は考える必要がない. 公理(3)の意味は, 次のようなことだ.

(3)′ もしも直線に端があれば, それを越えて延長できる.

これは, Γ の上は含めず, 内部だけを考えていれば, やはり真である. 図 56 で, 端の点 1, 2, 3, … はだんだんと Γ に近づいていくが, いつまでも終わりとはならない〔注 8.2〕.

図56

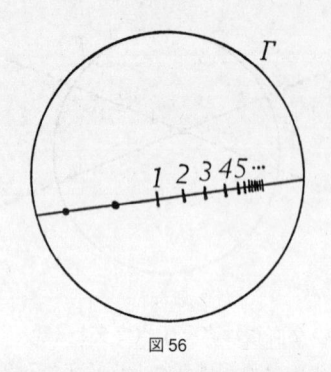

　直線には端点がない．Γの上に端点があるように見えても，それは点ではない．だから，このモデルで考えている限り，直線はいくらでも延長できる．

　(4)　任意の点を中心とし，任意の半径で円が描ける．

　ユークリッド幾何の同じ公理を使い，Γの上，あるいはその外側の部分を捨てればよい．もちろん，円はいつも丸いとは限らないが，このことは公理の正しさとは全く関係がない（図57）．

　(5)　直角はすべて等しい．

　ユークリッド幾何の公理と全く同じに成り立つ．

　このようにして，このモデルは公理(1)〜(5)を満足する．しかし，公理(6)はだめだ．図58を見れば，ある点を通り与えられた直線に平行な直線がたくさんある．ここで平行とは（円Γの内部で）交わらない，ということだ．Γの上と外側は考えていないのだから，そこでどうなろ

図 57

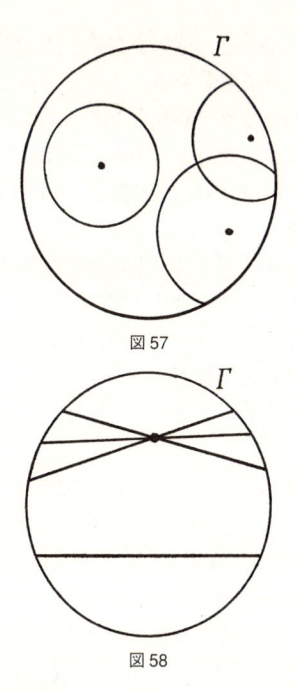

図 58

うと問題ではない.

このようにして,公理(6)は,公理(1)〜(5)からは証明できないことがわかった.というのは,もしも証明できたとすると,公理(1)〜(5)が成り立つモデルに対しては,その論理的結論として必然的に(6)が成り立つことになるのに,そうではなかったから.あるいは次のように考えてもよい.ユークリッド幾何で(6)の証明ができたとする

と，その中の点を<u>点</u>と，直線を<u>直線</u>と言い換えれば，このモデルでの(6)の証明となる．このモデルで(6)は成り立たないのだから，それに移されたユークリッド幾何での証明は存在しない．点が<u>点</u>とちがうことは，この議論には影響はない．このちがいは，公理(1)〜(5)の証明の中にすでに考慮してある．

この項のタイトルの「ユークリッドの弁明」とは，このような意味である．ユークリッド幾何が唯一の幾何ではない．しかし，平行線公理を，他の公理から導かれない仮定とすれば，正しい幾何学だ．

他の幾何学

ちょっとモデルを変えてみると，これまでの証明はもう少しすっきりとし，特に公理(3), (4)は理解しやすくなる．それには，Γの内部での長さを定義しなおして，すべての<u>直線</u>の長さが無限になるようにすればよい．くわしいことは，ソーヤーの著書を読んでもらいたい〔注8.3〕．

平行線がたくさんある，という代わりに，平行線は1つもない，という幾何学も作れる．次のモデルはクラインが作ったもので，以下，このモデルの用語を，下に＿＿＿を引いて示す．

3次元空間の球面Σを考える．これが舞台だ．

<u>直線</u>＝Σの上の大円（中心が球の中心と一致する円）

　<u>点</u>＝球の中心について対称な，Σ上の2点対

公理をチェックする．任意の2つの<u>直線</u>（大円）は1

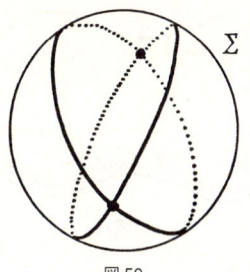

図59

点(対称点)で交わるから，公理(2)は成り立つ．また公理(1), (3), (4), (5)が成り立つこともすぐにわかる((3)についてもめんどうなことはない)．ところが，どんな2つの直線(大円)も必ず交わるから，平行線は存在しない(図59)．

このようにして，次の3種類の幾何学が得られた．

　ユークリッド幾何

　双曲幾何：1直線に平行な直線がたくさんある幾何学

　楕円幾何：1直線に平行な直線が1つもない幾何学

リーマンは，もっと一般的な幾何学を作った．それは，あるところでは双曲幾何的で，あるところでは楕円幾何的である．その2次元のモデルは曲がった面(図60)の上の幾何学とみなせる．Aの近くでは楕円的で，Bの近くでは双曲的だ(用語もここから出た．Aの近くでこの曲面を切ると，切り口は楕円のような形で，Bの近くで切ると，切り口は双曲線に近い)．

リーマンのアイデアはもっと進んでいて，それによると

図60

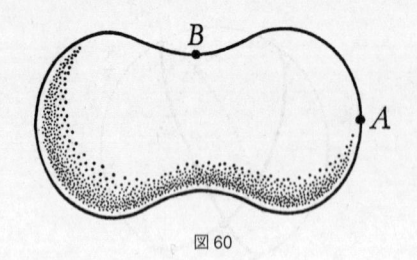

3次元あるいはそれ以上の空間でも，このように場所毎に性質が変わっていく幾何学がある．それは

曲がった空間！

アインシュタインによれば，われわれの時間 - 空間形式の構造は，このような幾何学であるという．また，この空間の曲率はこの空間内に存在する物質の重力によって生じ，逆に重力は空間の曲率によって引き起こされる．

もしも時 - 空の幾何学が楕円的ならば，直線をどんどん延長していくと，いつかは出発点に戻ってくる．困ったことには，時間についても同じことになる．つまり，時間がどんどん経過すると，いつか昔に戻ってくる．こんなことは全くありそうもないと思われるだろうが，ある物理学者は，2つの電波星が天空の正反対の位置にある確率が，たんなる偶然以上の高さであることを指摘している．2つの時間方向から見ているから2つ見えているだけで，ほんとうは1つの星なのかもしれない．

9 無限集合
無限集合の数え方，いろいろな無限

「数とは何か」を子供に正面切って教えるのはむずかしい．2匹の犬，2つのリンゴ，2冊の本……などを見せて，これらに共通な「2ということ」を，だんだんと悟らせる．

数は集合の性質だ．それは2匹の犬の集合，2つのリンゴの集合，2冊の本の集合……に共通の性質であって，個々の犬，リンゴ，本……の性質ではない．対象を数えるのではなくて，対象の集合を数える．数学者が「数とは何か」を考えはじめたとき，まずこの事実に注目して，「数とは何か」などと議論するよりも，どんなときに2つの数が等しいか等しくないか，を考える方がやさしいことに気がついた．

2つのコップの下に皿が1枚ずつあるのを見た子供は，やがて，皿も2枚あることを知るだろう．7人の子供と6つの椅子があれば，1人は余る．映画館の席にちょうど1人ずつの客が腰掛けていれば，客の人数と席の数は等しい．客の人数や席の数を数えてみなくても，このことはわかる．

この事実は，「同じ数」という概念が，数という概念よ

図61

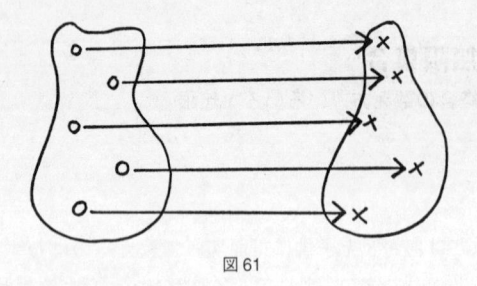

り以前のものであることを示す．同じように，2つの弦が同じ長さかどうかは，長さそのものを知らなくても，2つ並べてみればわかるし，2つの時計のどちらが重いかは，重さそのものを知らなくとも，天びんを使えばわかる．これらのどの場合にも，対象がある性質を共有しているかどうかを調べるのは，性質そのものを知るよりもやさしい．つまり，その性質について，両対象を比較すればよい．

長さや重さの比較はやさしいが，数についてはどうか．前の映画館の例を思い出そう．席の数と客の人数が同じことを確かめるには，次の2つがわかればよい．

(1) どの客も，ただ1つの席に腰かけている．
(2) どの席にも，ただ1人の客が腰かけている．

席の集合を S，客の集合を P とする．各 $p \in P$ に対して，p の席を $f(p)$ $(f(p) \in S)$ と定義する．p から $f(p)$ への対応は明確に定められているので，f は定義域 P，値域 S の関数だ．(2)によって全射でもあるから，$f: P \longrightarrow S$ は双射となる．

図62

　一般に2つの集合は，それらの間に双射があるとき，そしてそのときだけ，元の数は同じとなる．図61を見よ．

　数とは何か，を知らないうちに，同じ数という言葉を使うのはおかしいので，「同等」ということにする．前に，整数の集合を同じ余りによってクラス分けをしたが，それと同じように，すべての集合の集合を，同等の関係でクラス分けをする．同じクラスに属する2つの集合は同等だ．集合 $\{a,b,c,d,e\}$ と同等な集合は，これと同じクラスに含まれ，そのどの集合の元の数も5だ（図62）．

　つまり，集合のクラスで数を定義する〔注9.1〕．

　数について必要なことは，すべての集合には「数」とよ

ばれるものが対応して，普通の算術の法則を満足するということだけだ．「同等な2つの集合は同じ数を持つ」という定義はこの条件に合っている．

まとめると

 0は空集合 $\emptyset$ の数である

 1は集合 $\{x\}$ の数である

 2は集合 $\{x,y\}$ の数である

 3は集合 $\{x,y,z\}$ の数である

 4は集合 $\{x,y,z,w\}$ の数である

 ....

ここで，$x,y,z,w,\cdots$ はもちろん異なるものとする．

数の加法と乗法の定義をするには，小学校で学んだことを思い出すとよい．3と2を加えるには，3つのおはじきと2つのおはじきを1列に並べて，それを数えればよかった．ここで，おはじきはみな別のものとすることが大切だ（図63）．

2つの数の加法も，これと同じ方法でやればよい．2つの数を m, n とし，その数が m, n の集合をそれぞれ M, N とする．M, N には共通の元はないようにしておく（$M \cap N = \emptyset$）．和集合 $M \cup N$ を作り，その数を $m+n$ と定義する（図64）．

ちょっと注意が必要だ．まず，M と N には共通な元がないように，つまりたがいに素に選べるということ．もしも M に N と共通な元があるときは，M のその元を別な元ととりかえた集合を $\overline{M}$ とすると，M と $\overline{M}$ とは同等

図63

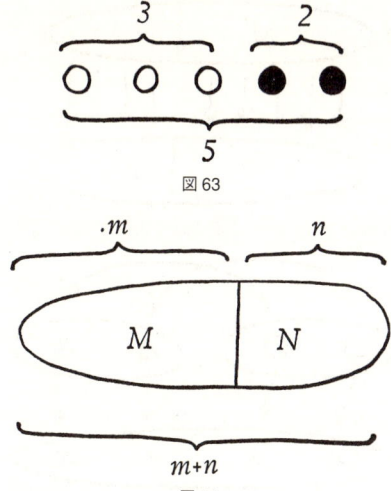

図64

で，$\overline{M}$ の数もやはり m となる．

次に，この加法の定義は整合的である．つまり数が m, n である別の集合 M', N' をとっても同じ答えとなる．そうでないと，この定義は役に立たない．ある方法だと $2+2=4$ で，別な方法だと $2+2=5$ となるのでは困る．同じ答えになるわけは，M と M' の数はどちらも m だから，双射

$$f : M \longrightarrow M'$$

があり，N と N' の数はどちらも n だから，双射

$$g : N \longrightarrow N'$$

がある．そこで

図 65

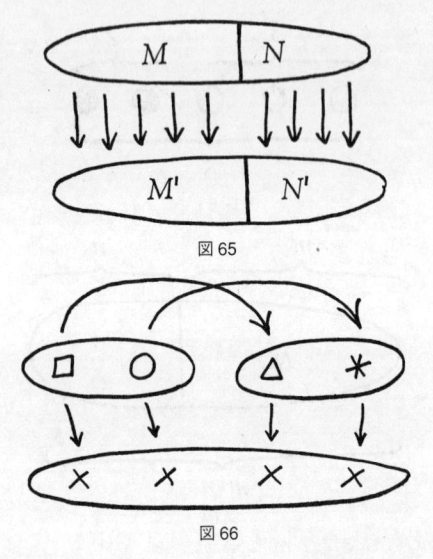

図 66

$$h(x) = \begin{cases} f(x) & x \in M \\ g(x) & x \in N \end{cases}$$

と定義すると，

$$h : M \cup N \longrightarrow M' \cup N'$$

は双射となり，どちらの数も等しい（図65）．

図66を参照しながら，$2+2=4$ を説明してみるとよい．

次に乗法にうつる．その数が m, n の集合 M, N を選ぶ（今度は，$M \cap N = \emptyset$ である必要はない）．デカルト積 $M \times N$ を作り，その数を mn と定義する．デカルト積

9　無限集合

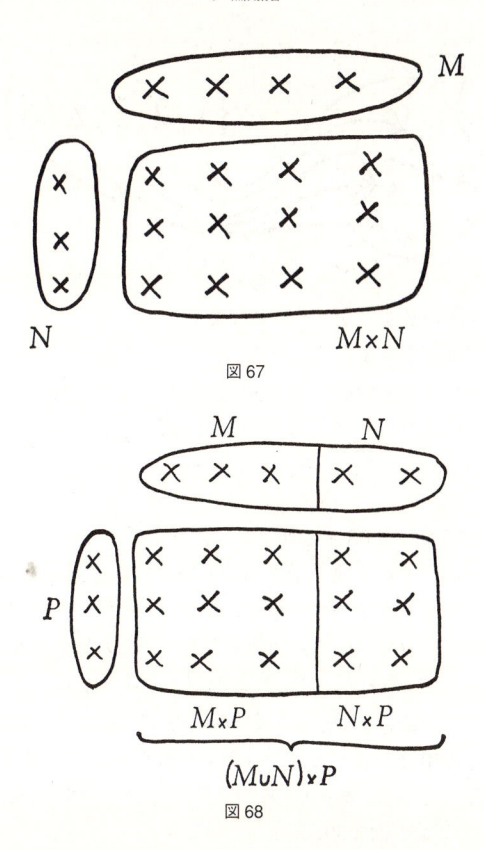

図 67

図 68

のことは第 4 章（85 ページ）で説明したので，図 67 を見れば，この定義がもっともなことが，わかると思う（このときも，ちがった M', N' をとっても同じ mn になるこ

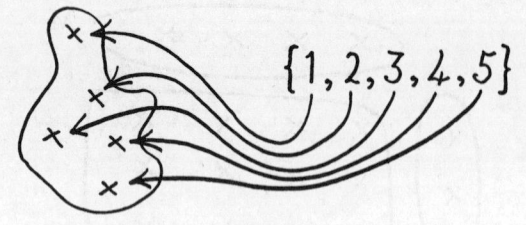

図 69

との証明が必要だが, それはやさしい).

このような考え方によって, 少なくとも正の整数についての通常の算術の法則が, すべて証明できる (負数, 有理数, 実数については, もう少し先の話). たとえば, 分配法則

$$(m+n)p = mp+np$$

については, 図 68 を参照すれば, 証明はやさしい.

最後に, 子供が物を数えるやり方の意味を考えておく. 子供はリンゴを1つずつ指さしながら, 1つ, 2つ, 3つ, …と数えていく. いま, 個数を数えるための標準的な集合

$$\varnothing, \{1\}, \{1,2\}, \{1,2,3\}, \{1,2,3,4\}, \cdots \quad (*)$$

(ここで, 1, 2, 3, 4, … は数をあらわすのではなく, ただの記号) を用意しておくと, リンゴの集合を数えることは, リンゴの集合と(*)のうちの1つの集合との間に双射をつけることだ (図 69).

無限算術

カントールは, 今まで説明したことは, 有限集合だけで

なく無限集合に対しても成り立つことに気がついた（実際，今まで有限集合の例しかあげてこなかったが，有限という言葉は，どこでも使っていない）．双射とか同等という考えは，無限集合にも同じように通用するのだから「同等な集合の数は等しい」という性質を使って，無限集合の「数」を定義することができる．

一般の人たちの言葉の感覚に逆らうのもよくないので，無限集合については，数といわずに「カーディナル」，「濃度」などという用語を使う．有限集合については，元の数がカーディナルで，無限集合のカーディナルにも数を思わせる性質がいくつもある．

加法と乗法の定義は，カーディナルについても同じで，交換法則，結合法則，分配法則なども成り立つ．しかし，有限集合の場合と非常にちがう点もある．

この奇妙な性質については，すでに 1638 年にガリレオが注意している〔注 9.2〕．無限集合は，それよりずっと小さな部分集合との間に双射がある．たとえば，関数 $f(n)=n^2$ によって，正整数の集合 N と，その一部である完全平方数との間に双射が成り立つ．「全体は部分より大きい」というユークリッドの公理は「全体はその一部分に等しいこともある」のように修正しなければならぬ．

さて，この双射を図で示すと，次のようになる．

0	1	2	3	4	5	⋯	n
↕	↕	↕	↕	↕	↕		↕
0	1	4	9	16	25	⋯	n^2

同じように，Nとその一部分である偶数の集合，奇数の集合，素数の集合との間にも次のような方法で，双射ができる．

0	1	2	3	4	5	6	…
↕	↕	↕	↕	↕	↕	↕	
0	2	4	6	8	10	12	…

0	1	2	3	4	5	6	…
↕	↕	↕	↕	↕	↕	↕	
1	3	5	7	9	11	13	…

0	1	2	3	4	5	6	…
↕	↕	↕	↕	↕	↕	↕	
2	3	5	7	11	13	17	…

それだから，これらの集合のカーディナルは，みな同じだ．正整数の集合Nのカーディナルを$\aleph_0$（アレフ・ゼロ）と書く．カントールは，無限カーディナルの系列$\aleph_0, \aleph_1, \aleph_2, \cdots$を発見した．

カーディナルが$\aleph_0$の集合はNと同等なので，正整数を使って，$1, 2, 3, \cdots$と数えていくことができる（いつまでも終わらないが）．そこでこの集合は「可算」だという．

前に示したように，偶数の集合Aも奇数の集合Bも可算で，しかも$A \cup B = N, A \cap B = \emptyset$だ．そこで

$$\aleph_0 + \aleph_0 = \aleph_0$$

となる．つまり，$\aleph_0$は2倍しても元と変わらない．上の式から，$\aleph_0 = 0$としてはいけない．カーディナルの引き算はできない．

カーディナルの大小の比較

有限集合のときは，M の数が N の数より大きくなければ，M から N への単射がある（図70）．そこで，無限カーディナル α, β についてもカーディナル α の集合 A からカーディナル β の集合 B への単射 $f: A \longrightarrow B$ が存在するとき，つまり A の元と B の部分集合の元とがペアにできるとき $\alpha \leq \beta$ と定義する．$\alpha \leq \beta$ かつ $\alpha \neq \beta$ のとき $\alpha < \beta$ と定義する．

不等号 $\leq$ については，通常の数と同じ次の関係が成り立つ．

(1) $\alpha \leq \alpha$.
(2) $\alpha \leq \beta, \beta \leq \gamma$ ならば $\alpha \leq \gamma$.
(3) $\alpha \leq \beta, \beta \leq \alpha$ ならば $\alpha = \beta$.

(1),(2) の証明はやさしいが，(3) は「シュレーダ－ベルンシュタインの定理」といって，証明はちょっとむずかしい．

無限カーディナルは $\aleph_0$ のほかにあるだろうか．2つの整数の間には無数の有理数があるので，すべての有理数の集合 Q のカーディナルは $\aleph_0$ より大きいと思われる．ところが，これは誤りなのだ．

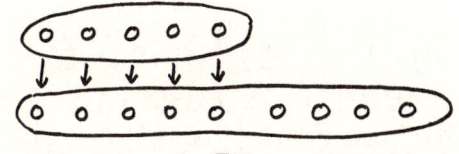

図70

いま，すべての有理数 $p/q\,(q\neq 0)$ を，次のように配列する．

	⋮	⋮	⋮	⋮	⋮	⋮	
⋯	$-\dfrac{3}{3}$	$-\dfrac{3}{2}$	$-\dfrac{3}{1}$	$\dfrac{3}{1}$	$\dfrac{3}{2}$	$\dfrac{3}{3}$	⋯
⋯	$-\dfrac{2}{3}$	$-\dfrac{2}{2}$	$-\dfrac{2}{1}$	$\dfrac{2}{1}$	$\dfrac{2}{2}$	$\dfrac{2}{3}$	⋯
⋯	$-\dfrac{1}{3}$	$-\dfrac{1}{2}$	$-\dfrac{1}{1}$	$\dfrac{1}{1}$	$\dfrac{1}{2}$	$\dfrac{1}{3}$	⋯
⋯	$\dfrac{0}{3}$	$\dfrac{0}{2}$	$\dfrac{0}{1}$	$\dfrac{0}{1}$	$\dfrac{0}{2}$	$\dfrac{0}{3}$	⋯
⋯	$\dfrac{1}{3}$	$\dfrac{1}{2}$	$\dfrac{1}{1}$	$-\dfrac{1}{1}$	$-\dfrac{1}{2}$	$-\dfrac{1}{3}$	⋯
⋯	$\dfrac{2}{3}$	$\dfrac{2}{2}$	$\dfrac{2}{1}$	$-\dfrac{2}{1}$	$-\dfrac{2}{2}$	$-\dfrac{2}{3}$	⋯
⋯	$\dfrac{3}{3}$	$\dfrac{3}{2}$	$\dfrac{3}{1}$	$-\dfrac{3}{1}$	$-\dfrac{3}{2}$	$-\dfrac{3}{3}$	⋯
	⋮	⋮	⋮	⋮	⋮	⋮	

そして，$\dfrac{0}{1}$ から始めて，図71のように，ラセン状にまわりながら番号をつけていく（同じものに出会ったら，飛ばす）．始めのいくつかを書いてみると

0	1	2	3	4	5	6	7	⋯
↕	↕	↕	↕	↕	↕	↕	↕	
0	$\dfrac{1}{2}$	1	-1	$-\dfrac{1}{2}$	$-\dfrac{1}{3}$	$\dfrac{1}{3}$	$\dfrac{2}{3}$	⋯

下の列は不規則だから，n に対応する有理数を n の式であらわすことはむずかしいが，ともかくすべての分数 $\dfrac{p}{q}$

図71

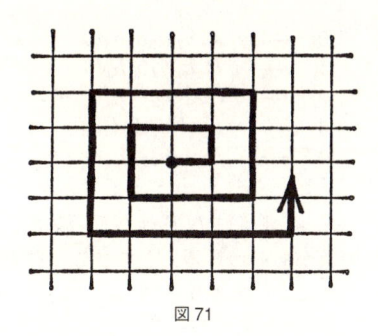

にただ1つの番号がつけられ，双射
$$f: \boldsymbol{N} \longrightarrow \boldsymbol{Q}$$
を得る．そこで，$\boldsymbol{Q}$ のカーディナルは $\aleph_0$ だ．

$\aleph_0$ より大きなカーディナルを持つ可能性があるのは，実数の集合 $\boldsymbol{R}$ だ．実数は有理数でいくらでも近似できるから，$\boldsymbol{R}$ と $\boldsymbol{Q}$ とは同じカーディナルを持ちそうだが，そうではない．実数は

$$A.a_1 a_2 a_3 \cdots \qquad (*)$$

と書ける．A は整数，$a_1, a_2, a_3, \cdots$ は0から9までの整数だ．

$$0.10000\cdots = 0.09999\cdots$$

だから，右辺のような書き方は使わないことに定めると，実数の(*)のような表し方は1通りとなる．

いま，$\boldsymbol{N}$ と $\boldsymbol{R}$ が同等だったとして，双射 $\boldsymbol{N} \longrightarrow \boldsymbol{R}$ が

$$
\begin{aligned}
0 &\longleftrightarrow A.a_1 a_2 a_3 a_4 a_5 \cdots \\
1 &\longleftrightarrow B.b_1 b_2 b_3 b_4 b_5 \cdots \\
2 &\longleftrightarrow C.c_1 c_2 c_3 c_4 c_5 \cdots \\
3 &\longleftrightarrow D.d_1 d_2 d_3 d_4 d_5 \cdots \\
4 &\longleftrightarrow E.e_1 e_2 e_3 e_4 e_5 \cdots \\
\vdots & \qquad \vdots \; \vdots \; \vdots \; \vdots \; \vdots \; \vdots
\end{aligned}
$$

であったとする．左側には N のすべての数が，右側には R のすべての数があらわれる．さて，この右側にない実数を1つ作ってみよう．それには，$z_1 \neq a_1, z_2 \neq b_2, z_3 \neq c_3, z_4 \neq d_4, z_5 \neq e_5, \cdots$ のような $z_1, z_2, z_3, z_4, z_5, \cdots (0 \leq z_i \leq 9)$ をきめて

$$0.z_1 z_2 z_3 z_4 z_5 \cdots$$

のような数を作ればよい．これはリストの第1の数とは小数第1位目でちがい，第2の数とは小数第2位目でちがい，……，このリストのどの数ともちがう．だから，リストの右側は，R のすべての数を並べたことにはならず，矛盾となる（背理法）．

R のカーディナルを c とすると

$$c \neq \aleph_0$$

他方，恒等単射 $N \longrightarrow R$ があるから

$$\aleph_0 \leq c$$

そこで

$$\aleph_0 < c.$$

それだから，実数は有理数よりもはるかにたくさんあるといえる．他方，有理数と整数とは同じくらいしかなく，可算だ．

$c > \aleph_0$ なことはわかったが、これは $\aleph_1$ だろうか。つまり c と $\aleph_0$ の間のカーディナルは存在しないのか。この問題は1963年にコーエンによって解かれたが、くわしいことは第20章で説明する。

c より大きなカーディナルはある。実際、どんな α よりも大きなカーディナルがあり、最大のカーディナルは存在しない。

「集合 A のカーディナルを α とし、A のすべての部分集合の集合を P とする。P のカーディナル β は、α よりも大きい。」

証明 まず、$f(x) = \{x\}$ とすると、f は単射 $A \longrightarrow P$ だから

$$\alpha \leq \beta$$

もしも $\alpha = \beta$ とすると、双射 $h : A \longrightarrow P$ がある。$h(x)$ は A の部分集合だから、$x \in h(x)$ か $x \notin h(x)$ のどちらかが成り立つ。そこで

$$T = \{x \mid x \notin h(x)\}$$

とおく。T は A の部分集合だから、$T \in P$ だ。そこで、ある $t \in A$ について

$$T = h(t)$$

となっている。

$t \in h(t)$ か $t \notin h(t)$ のどちらかだから、まず $t \in h(t) = T$ と仮定してみよう。任意の $x \in T$ に対して、T の定義から $x \notin h(x)$。そこで $t \notin h(t)$ となり、仮定と矛盾。また $t \notin h(t) = T$ と仮定してみると、t の定義から $t \in h(t)$。こ

れも矛盾.

結局, $\alpha = \beta$ は成り立たず, $\alpha < \beta$ となる.

これを使っても, R が可算でないことが証明できる. N の部分集合 S に対して, 実数
$$s = 0.a_1 a_2 a_3 \cdots, \quad a_n = \begin{cases} 1 & (n \in S) \\ 2 & (n \notin S) \end{cases}$$
を作る. S がちがえば s もちがう. そこで, N のすべての部分集合の集合から R への単射ができる. 前者のカーディナルは $\aleph_0$ より大きいから, R のカーディナルも $\aleph_0$ より大きい.

超越数

無限カーディナルの理論が, ただそれだけの話なら, 興味も少ないだろうが, これは別のいろいろの定理とも関係する.

整数 a_i を係数とする整方程式
$$a_n x^n + a_{n-1} x^{n-1} + \cdots + a_0 = 0$$
の根で実数である数を「代数的数」, そうでない実数を「超越数」という. $\sqrt{2}$ は $x^2 - 2 = 0$ の根だから, 代数的数だ.

第6章で, 作図可能な数は, 有理数係数の整方程式を満足することを説明した. 分母を払えば, 整係数の整方程式としてもよい. そこで, 作図可能な数はすべて代数的数だ. π はそのような方程式を満足しないから超越数だ (証明はむずかしい).

長い間，数学者はπは超越数であろうと推定してきたが，証明できなかった．それどころか，超越数が存在することすら証明できなかったのだが，1844 年に，リュービルは超越数の存在を証明した．

 1873 年にエルミートは，自然対数の底 e が超越数であることを，1882 年にはリンデマンが，π が超越数であることを証明した．

 1874 年にカントールは，非常に簡単な方法で，超越数が存在することを（実際にそれを見出すことなしに）証明した．

 与えられた多項式
$$a_n x^n + a_{n-1} x^{n-1} + \cdots + a_0$$
に対して，その「高さ」を
$$|a_0| + |a_1| + \cdots + |a_n| + n$$
で定義する．たとえば，
$$x^2 - 2$$
の高さは
$$|-2| + |1| + 2 = 5.$$

 整係数の多項式の高さは有限である．高さ h の多項式の次数 n は h を超えず，またその係数は $-h, -h+1, \cdots, -1, 0, 1, \cdots, h-1, h$ の $2h+1$ 通りの可能性しかないから，高さ h の多項式の数は，高々 $(2h+1)^{h+1}$ 個だ．そこで，高さ 1 の多項式を
$$1, -1$$
と並べ，その次に高さ 2 の多項式を

$$2, -2, x, -x$$

と並べ，それに続けて高さ3の多項式を

$$3, -3, 2x, -2x, x+1, x-1, -x+1, -x-1,$$

と並べ，以下同様に続けていくと，すべての整係数の多項式を

$$p_1(x), p_2(x), p_3(x), \cdots, p_n(x), \cdots$$

と一列に並べることができる．

代数的数は，ある方程式

$$p_n(x) = 0$$

の根で，この方程式の根の個数は $p_n(x)$ の次数 d を超えないから，

$$a_1, a_2, \cdots, a_k \quad (k \leqq d)$$

と並べられる．

このようにして，すべての代数的数は一列に並べることができ，したがってその全体の集合は可算となる．

実数の全体が可算でないことは，すでに176ページで証明したので，代数的数でない実数つまり超越数があることがわかった．

この証明は，「超越数が存在しないと不合理だから存在する」という全くの存在証明であって，特定の超越数を指し示さない．だから，たとえば π の超越性については何の手掛りも与えてくれない．

この証明によって，代数的数よりもはるかに多くの超越数が存在することがわかる．なぜかというと，もしも超越数の集合のカーディナルが $\aleph_0$ だったとすると，それと代

数的数を合わせたものが実数だから
$$\aleph_0 + \aleph_0 = c$$
となり，172ページで示した
$$\aleph_0 + \aleph_0 = \aleph_0$$
に反する．

　カントール以前の数学者には，超越数はわずかしか知られていなかったので，それは非常に珍しい数と考えられていた．だから，実数のほとんど全部が超越数であることが発見されたときは，非常なショックであったと思う．実数の集合の中からでたらめに1つの数を抜き出したとすると，それが超越数であることはほとんど確実なのだ！

10 トポロジー

ゴム膜の上の幾何学，奇妙な曲面

20世紀の数学の中で，かがやく星座のようにきわ立って発展したのは，トポロジーとよばれる分野だ．トポロジーはしばしば「ゴム膜の上の幾何学」とよばれる．これは，誤解を生むおそれのある言葉だが，ある意味ではこの数学の特徴を，うまく言い表している．トポロジーとは，幾何学的対象を連続的に変形しても変わらないような性質を研究する数学である．ここで，連続的な変形というのは，ちょうどゴム膜を曲げたり伸ばしたりするように（引き裂いてはいけない），近い2点は，変形したあとでもやはり近い2点に移っているような変形のことだ．

変形では，最初と最後の位置だけが問題で，途中のことは考えないから，引き裂いたあとで元通りに貼り合わせることは，してもよい．たとえば，結び目になっているゴムひもを，いったん切ってほどいてから，また元通りつなぎ合わせてもよい．前に，ゴム膜の幾何学という言葉は誤解を生むおそれがある，といったのはこの点だ．「連続的」という言葉を精密に定義することは第16章にまわして，ここでは直観的な言い方ですませておく〔注10.1〕．

トポロジー的な性質には，どんなものがあるだろうか．

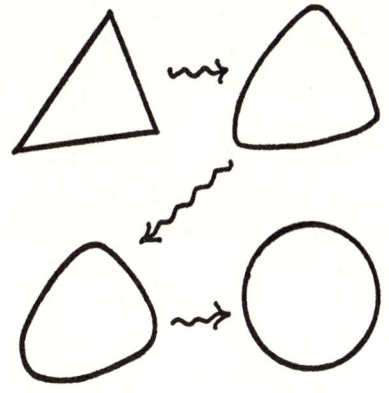

図 72

　ユークリッド幾何学で研究したような性質はトポロジー的ではない．直線であるという性質は，それを曲げればなくなるし，3角形は，連続的に円に変わってしまう（図72）．

　それだから，トポロジーでは3角形も円も同じものだ．長さ，角の大きさ，面積，これらも連続的な変形で変わってしまうから，みんな忘れてしまおう．普通の幾何学の中で，生き残る性質はほんのわずかしかないから，新しい性質を探さなければならない．

　トポロジー的な性質の原型は，穴のあいたドーナツに見られる．ここで，穴はドーナツの一部分ではないということが，微妙な点だ．このドーナツをどのように連続的に変形しても，やはり穴は残っている．また，面にふち（境

界）があるというのも，トポロジー的な性質の1つだ．球面にはふちがないが，半球面にはふちがあるから，この2つをどのように変形しても，たがいに他方に移り変われない．

連続的な変形は非常に多様だから，普通はちがうと思う図形でも，トポロジストは同じものに見る．穴が1つの面は，どれもみな同じものとみなす．だから，トポロジストがあつかう対象の種類は，見かけよりもずっと少なく，数学の他の分野に比べても簡単だ（研究の内容は決して簡単ではないが）．数学のほとんど全分野の研究にトポロジーが強力な道具である理由は，ここにある．つまり，単純で一般的であるからこそ，その応用が広い．

位相同型

トポロジーで研究する基本的な対象は，位相空間だ．直観的には，これは幾何学的図形そのものと考えてもよい．数学的には連続という考えを展開できるような位相構造を持っている集合（多くの場合，ユークリッド空間の部分集合）のことだ．球の表面，ドーナツ（「トーラス」という）の表面，2重ドーナツの表面などはみな位相空間だ（図73）．

2つの位相空間は，連続的な変形でたがいに他に移れるとき，「位相同型」であるという．よくトポロジストが「ドーナツと柄のついたコーヒーカップは同じものだ」というのは，こういう意味だ（図74）．

図 73

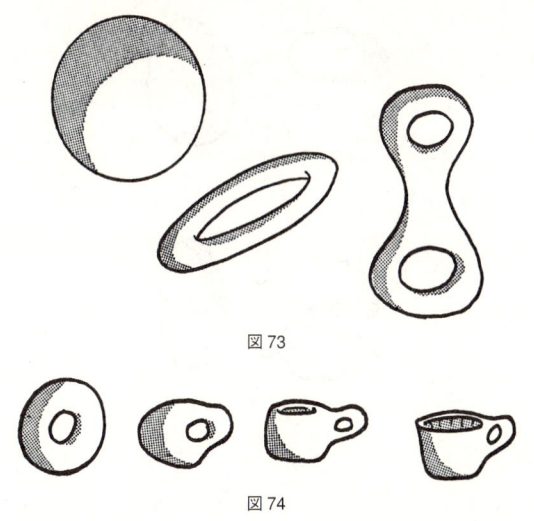

図 74

集合論の言葉でいうと，2つの位相空間を A, B とするとき，

(1) f は双射
(2) f は連続
(3) f の逆関数も連続

のような関数 $f: A \longrightarrow B$ があるとき，A と B は位相同型だ．

f もその逆関数も連続という条件の意味は，次の通り．いま，2つの離れ離れのだんごを1つに押し付けたとすると（図75），これは連続的な変換だ．元の近い2点はやはり近い2点に移るからだ．この逆変換は，1つのだんごを

図75

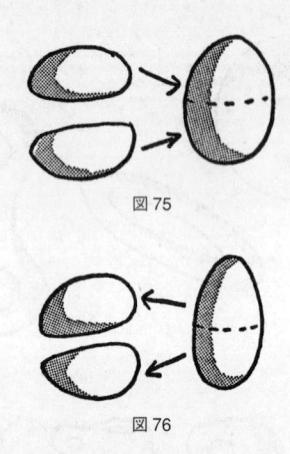

図76

2つにちぎることになるが，このときは，元の近い2点が，別々のだんごに分かれて離れてしまうことがあるので，連続な変換ではない（図76）．

次ページの図77のたくさんの図形の中で，たがいに位相同型なのはどれとどれか，考えてみていただきたい〔注10.2〕．

珍しい空間

位相空間が球面やトーラスのような見なれたものばかりであったとしたら，トポロジーはあまり興味ある数学ではないだろう．次に，このように早合点をしてはいけないという例を，いくつかあげてみよう．

「メビウスの帯」のことは，おそらく聞いたことがある

10 トポロジー

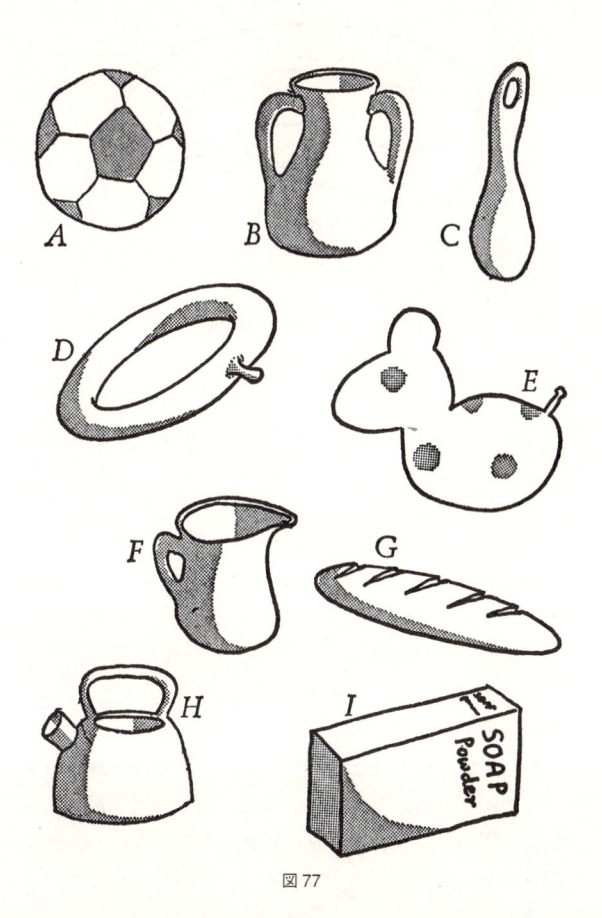

図 77

図78

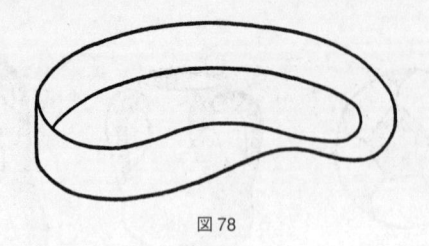

と思う．これは長いテープを1度ねじってから，端と端とを貼り合わせて作った曲面だ（図78）．

これは，ねじらない普通のテープの輪とは，トポロジー的にちがう．メビウスの帯のふち（edge）は1つしかない（調べてみよ）．普通のテープの輪のふちは2つあるが，ふちがいくつあるかということはトポロジー的な性質だから，メビウスの帯と普通のテープの輪は位相同型ではない．

メビウスの帯について，もっと重要なことは，それが「単側」——1つの面（side）しか持たない——という点だ．普通のテープの輪は，片面を赤，他の面を青に塗り分けることができるが，メビウスの帯の面を塗っていくと，1色で全部が塗れてしまう．

しかし単側ということを数学的にきちんと言いあらわすことはめんどうだ．なぜかというと，面には厚さがないのだから，平面上の点はその面の両側にあるように，メビウスの帯の上の点も，帯の両側にある．トポロジーでは，メビウスの帯はユークリッド空間の中の部分集合としてより

も，メビウスの帯それ自身を1つの空間として研究しなければならないので，面の数がトポロジー的な性質であるかどうかを決めるのはむずかしい．

ちょっとわかりにくいと思うので，次のようにきいてみよう．

「3次元ユークリッド空間には，面はいくつあるか」

きっと，「1つもない」と答えると思う．すべての方向にどこまでも進めるのだから，面のあるはずがない．

次に，2次元の平面の上に住んでいて，その外の世界は全く知らない生物に

「あなたの世界には面はいくつあるか」

ときいてみよう．前の問いに「1つもない」と答えたのだから，今度も同じ返事をするはずだ．平面上ですべての方向にどこまでも進んでいけるからである．

このことから，面の数は，平面をそれ自身だけで考えるか，3次元空間の一部分として考えるかによってちがってくる，ということがわかると思う．3次元空間についても同じことがいえる．もしも，時間を第4次元として加えた4次元空間の中で考えれば，それは過去と未来という2つの面を持つ．

このようなわけで，面の数というものを精密に定義するのは非常にむずかしいことがわかったと思うので，しばらくはこれがトポロジー的な性質であることを認めて，先に進もう．

しかしメビウスの帯の上の生物が，その中で動いている

図79

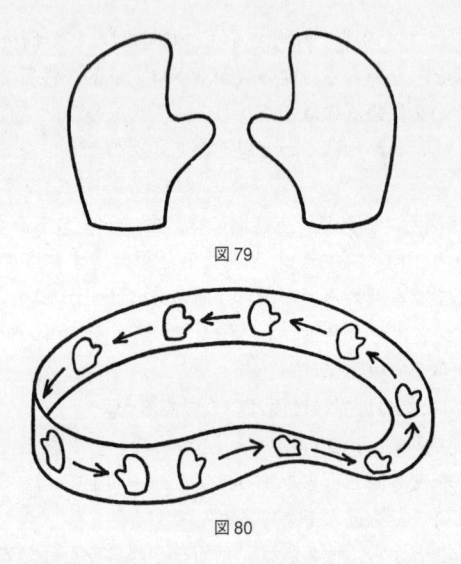

図80

姿を調べてみると，単側ということの数学的意味を理解するのには役に立つと思う．これらの生物は，右と左を知っていて，両手の親指をたがいに向き合わせることによって右手と左手の区別はできるものとする（図79）．

ある朝，この生物が眼を覚まして，右手の手袋をどこかに忘れて，左手の手袋しかないことに気がつく．この生物はたいへん知恵があるので，すぐに左手の手袋を，帯の上を一周させる（図80）．

そうすると不思議なことに（この生物にとっては不思議でも何でもないのだが），それは右手の手袋に変わってし

図81　　　　　　　　　図82

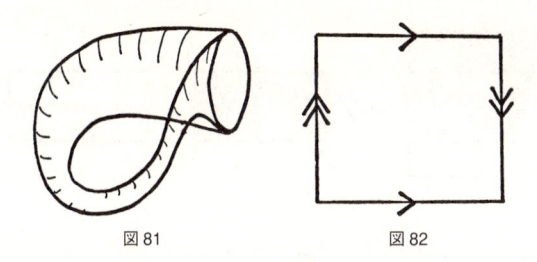

まう．もちろん，右手は左手に，左手は右手に変わってしまうのだが．

紙のメビウスの帯の上に図を描いてみれば，いま説明したことは容易に検証できる．しかし，点が紙の両面の上にあることに注意するためには，紙を持ち上げて光を当てて見るか，透明なビニールに描いた方がよい．

われわれのような「両側」(面が2つある)の世界の生物には，手袋のトリックができない．右と左とは交換できない．しかし，メビウスの帯の上の生物にとっては，右と左の区別に意味があるのは，帯を一周しない場合だけであって，帯全体にわたっての右と左の定義はできない．そこで，メビウスの帯は「方向付け不可能」であるという．これに対してわれわれの空間のように，全体にわたっての右と左の定義ができる空間は，「方向付け可能」である．方向付け可能は両側性に，方向付け不可能は単側性に対応し，どちらも，それが埋められている外部の空間とは無関係な内在的性質だ〔注10.3〕．

2つのメビウスの帯のふちどうしを貼り合わせると，ク

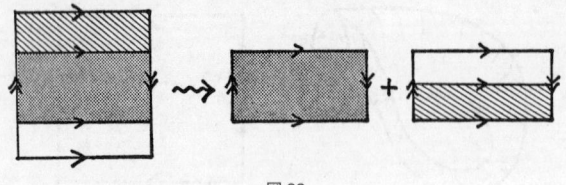

図83

ラインのつぼができる（図81）．

クラインのつぼにはふちがなく，方向付け不可能である．それは，自分自身とクロスさせずに3次元空間の中に埋め込むことはできない．

クラインのつぼを表現するもう1つの方法は，正方形を使う．2組の辺どうしを，図82の同じ矢印どうしが重なるように貼り合わせる．まず上と下を貼り合わせると，円筒ができる．次に両端をねじって，面を貫いて貼り合わせる．この図をよく調べてみれば，それが2つのメビウスの帯の，ふちどうしを貼り合わせたものであることが

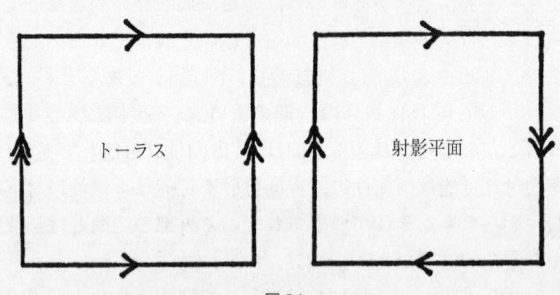

トーラス　　　　　　射影平面

図84

| 図85 | 図86 |

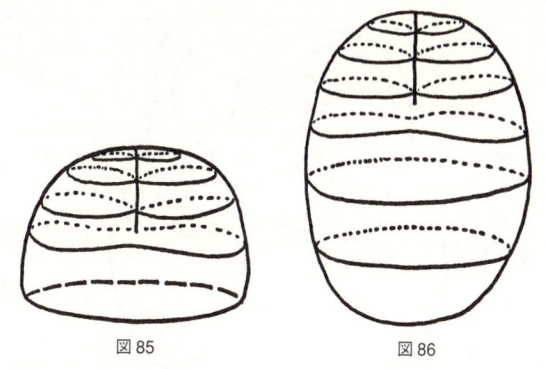

わかる．そこでクラインのつぼを図83のように切り離すと，2つのメビウスの帯に分かれる〔注10.4〕．

クラインのつぼについては，内部とか外部とかいう言葉は意味がない．クラインのつぼは，3次元空間内では作ることはできないが，4次元空間内であれば，自分自身とクロスさせずに作れる．このとき，ちょうど3次元空間内の円と同じように，内部と外部とは，おたがいに自由に移れる．

正方形の辺を貼り合わせて作れる興味ある曲面としては，このほかに「トーラス」と「射影平面」がある（後者は射影幾何と深い関係があるので，こういう名前がついた）．これを，図84に示す．

トーラスは方向付け可能である．射影平面はクラインのつぼと同じく，単側で，方向付け不可能で，3次元空間に埋め込むことはできない．

図87

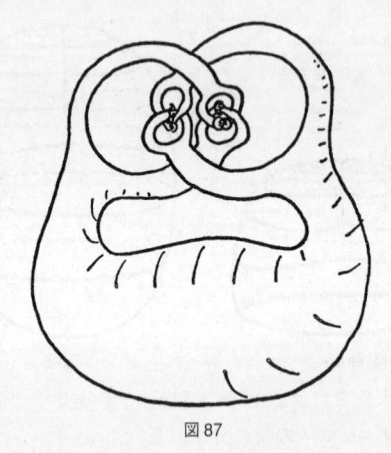

　射影平面は，メビウスの帯と円板をふちに沿って縫い合わせたものだ．これを3次元空間内で作るには，まず，メビウスの帯をふちが円になるようにねじってクロス帽を作る（図85）．

　この穴に円でふたをすると，射影平面が得られる（図86）．

　最後に，非常に奇妙な曲面の例として，「アレクサンダーの角球」をあげよう（図87）．これは，まず1つの球から2つの角を引き出し，各々の先端を2つに分けて，これをからみ合わせる．次に，また各々の先端を2つに分けて，からみ合わせ，先端を分ける．この手順を限りなく続ける．信じられないだろうが，これは球面と位相的に同等なのだ（角を引き出す操作は，適当な関数を使えば定義

図88　　　　　　　図89

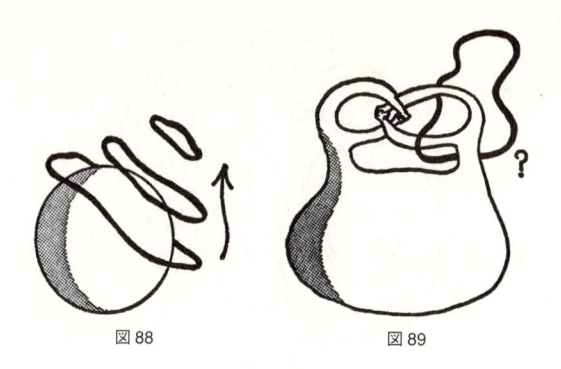

できる).しかし,この曲面の外部は,通常の球の外部と位相同型ではない.通常の球の外部では,どんなループも1点に縮めることができるが(図88),角球では,角にひっかかってしまうことがある(図89).

このようなトラブルが起こる原因は,この場合にもまた球それ自身にはなくて,それをとりまく空間にある.

つむじの定理

トポロジーのたくさんの研究の中のおもしろい定理を1つ説明しよう.いま,1匹の犬の毛並みをよく調べてみると,背中と腹に,毛並みに分かれ目のあることに気がつく.口を閉じた犬の表面を位相的にみると,細部を無視すれば,1つの球面だ(図90).

分かれ目が全くないように,また図91のような乱れがどこにもないように,全体の毛並みをくしでそろえられる

図 90

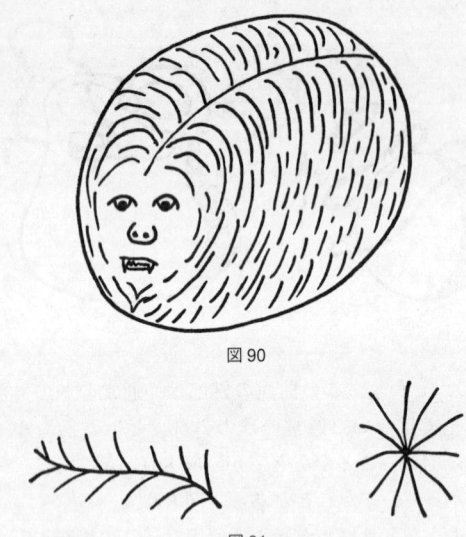

図 91

だろうか.

これはトポロジーの問題である．なぜかといえば毛の生えたこの球を連続的に変形しても，そろった毛並みはそろった毛並みに，分かれ目やつむじはまた分かれ目やつむじに移るからである．位相数学の方法を使うと，完全に毛並みのそろった配列は存在しないという定理が証明できる(ただし非常にむずかしい)．この問題は，球面上のベクトル場を使うと，もっときちんと述べられるけれども，直観的には，このような毛の生えたボールを使った方がわかりやすい．実際にくしでやってみると，どうしてもそろえら

図 92

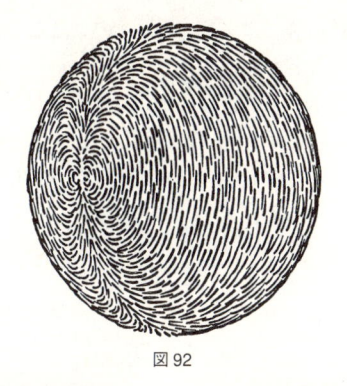

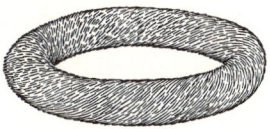

図 93　　　　　　　　図 94

れない点が1つ残ってしまう（図 92）．

　地球は球面だが，この表面のいたるところで風が吹いているとすると，風の流れの線は，ちょうどこの例の毛並みに相当する．いま述べた定理によれば，風の流れがそろうことは決してなく，どこかに必ず，渦がある．

　このようにして，風の物理的な性質など全く知らなくても，地球が球面であるということだけから，渦の存在がわかる．

　しかし，トーラスの表面では，そろった毛並みが存在する（図 93）．

さらに深い研究によると，図94のようなそろった毛並みが存在することもわかる．

毛の生えたボールの定理の応用は，ほかにもたくさんある．たとえば，任意の多項式は必ず1つ複素根を持つという，いわゆる「代数学の基本定理」の証明にも，この定理が使えるのである．

11　間接的推理
ネットワークと地図の塗り分け方

　やみくもに中央突破しようとするのが，必ずしも最短で最良の道ではない．まわり道をした方がうまくいくこともある．数学でも同じことだ．問題が非常にむずかしくて「答えはこうなるはずだ」と見当はついても，それを確かめる方法がみつからない．何か新しい見方を考えないと，動きがとれない．

　新しい見方を，どうやって発見するか．

　探検家が深いジャングルを進むときは，自分のまわりのことしかわからないから，山に出会えば乗り越え，河があれば泳いで渡る．しかし，あとでこのジャングルに道をつけようとするときは，必ずしも探検家の通った跡をたどらなくともよい．地図ができていて，「あそこに山があり，あそこに川がある」ということがわかっているのだから，山があったら回り道をし，川があったら橋をかける．もしも探検家が予めその地方の全体像をつかんでいれば，無駄な骨折りをしなくてすむし，あるいは失敗するはずのところをうまく切り抜けられるかもしれない．

　数学でも，あまり特殊な問題に精神を集中するのは，よい方法ではない．研究の方法が適切でないと，進めなくな

り，挫折してしまう．さらに前進するカギは，ちょっと立ち止まって，この特殊な問題から離れ，役に立ちそうな一般的な特徴を探すことだ．

ネットワーク

「3軒の家にガスと水道と電気を引く」という，昔から知られたパズルがある（図 95）．ガス・水道・電気の線が，交差しないようにできるか．

紙と鉛筆を持って試してみれば，これは不可能であることはすぐにわかる．ところが，解がないことを証明しようとするのは，むずかしい問題だ．線の引き方は無数にあるのだから．

この問題では，家がどんな形であるかは問題ではない．バンガローでもバラックでもよい．また，電灯会社は玄関のすぐ前にあっても，あるいは何千キロメートルも遠くあってもよい．数学的に言いかえると，次のようになる．

「平面上に，それぞれ3点から成る2つの集合 A, B

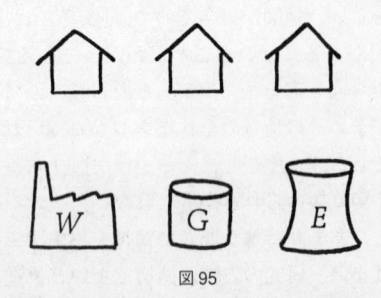

図 95

がある．*A*の各点と*B*の各点とを1組ずつ，たがいに交わらないように結ぶことができるか」

この種の問題は，数学では，「グラフ理論」あるいは「ネットワーク」とよばれる分野に属する〔注11.1〕．

ネットワークは，次の2種類の部分から構成されている．

(1) 集合 *N*．その元を「頂点」とよぶ．
(2) どの2頂点が結ばれているかの指定．

集合論を使って，この定義をもっと厳密にすることもできるが，頂点を点で，それらを結ぶ線分で結びつき方をあらわした方がずっと見やすい．この線分をこのネットワークの「辺」とよぶ．点の位置や線分の長さそのものは重要ではなく，それらの結合関係を正しく描くことが大切だ．

だから，図96の2つの図は，同じネットワークをあらわす．辺が交差していても，○が書いてなければ頂点では

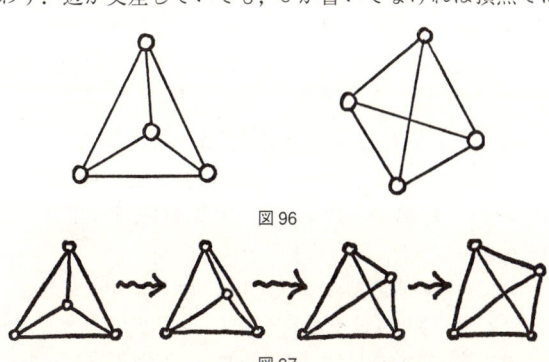

図 96

図 97

図98

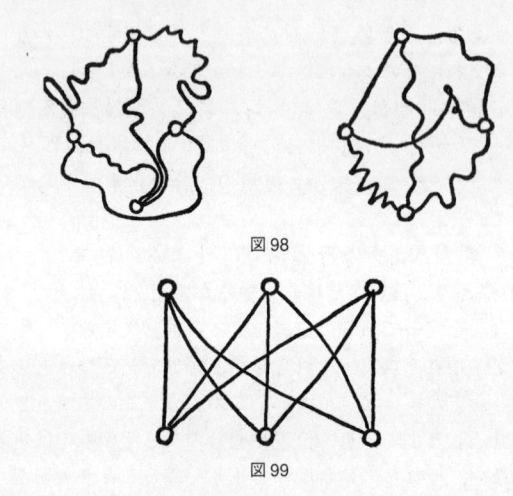

図99

ない．どちらも4つの頂点から成り，どの2点も結ばれている．片方を図97のように変形していくと，他方と一致する．

頂点を結ぶ辺は，線分でなく曲線でもよい．だから，図98のように描いても同じネットワークだ．

つまりネットワークの位相的構造が大切なのだ．

ネットワークは，辺が交わらぬように，紙の上にいつも描けるとは限らない．辺が交わらずに描けるネットワークを「平面ネットワーク」という．

そこで，この章の初めのパズルは，次のようにいえる．

「図99は平面ネットワークか？」

これに答えるためには，ネットワークの性質をもう少し

オイラーの公式

a から始まり b に終わる頂点と辺の列で，ある辺が入った頂点から次の辺が出ているようなものを，このネットワークの「道」という．図100で，a と b は道で結ばれているが，a と c は道で結ばれていない．どの2点にも，それらを結ぶ道があるとき，このネットワークは「連結」だという．つまり，離れ離れの2つの部分に分けられていな

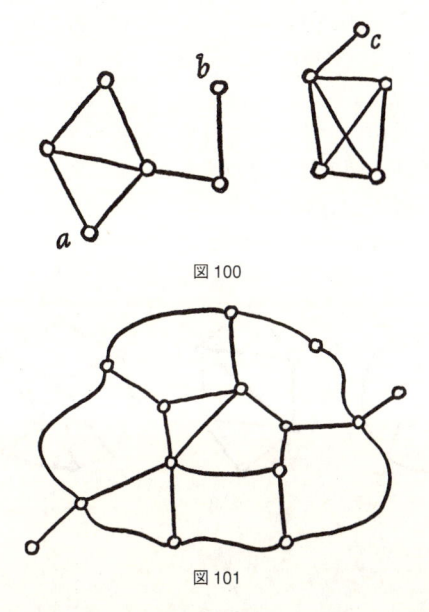

図100

図101

いということだ．連結でないネットワークは，いくつかの連結部分から構成されている．

これからは連結したネットワークだけを考えよう．くわしくいうと，有限で連結なネットワークだ．有限というのは，頂点の個数が有限個ということで，図101は，そのようなネットワークだ．

このようなネットワークは平面をいくつかの部分に分ける．その分けられた各々を「面」という．図101のネットワークの頂点は14個，辺は21個，面は8個ある．

いま考えている有限連結平面グラフは，海の上の島の地図とよく似ているので，これからは「地図」とよぶことにする．

次に，地図のいくつかの例をあげるので，面の数 F，頂点の数 V，辺の数 E を数えてみよう（図102, 前のも合わせて表にしてみること）．

結果は次のようになるはずだ．

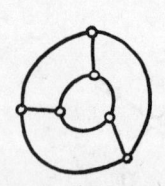

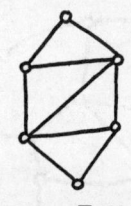

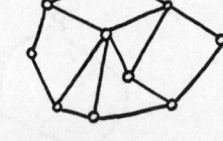

図102

F（面の数）	V（頂点の数）	E（辺の数）
8	14	21
4	6	9
4	6	9
6	10	15
⋮	⋮	⋮

FとVとEの間には，どんな関係があるか．

いつもEが最も大きく，FとVはそれよりも小さいが，FとVを合わせると，$22, 10, 10, 16$となって，Eに近くなる．つまり，Eより1だけ多い．

$$F + V = E + 1$$

つまり

$$V - E + F = 1$$

となっていることがわかる．

平面上のどんな地図に対してもこの公式が成り立つことを発見したのは，スイスの数学者オイラー（1707～83）だ．FとVとEの間に簡単な関係があることなど考えてもみなかったが，たくさんの地図について調べてみると，いつもそうなる．しかし，これだけでは証明にならない．

$V-E+F$という式が重要で，これから証明するようにこの値はすべての地図について共通だ．

V, E, Fの値は変わっても$V-E+F$が変わらないような変形の仕方はいろいろあるが，最も簡単なのは次の2つの場合だ．

図103

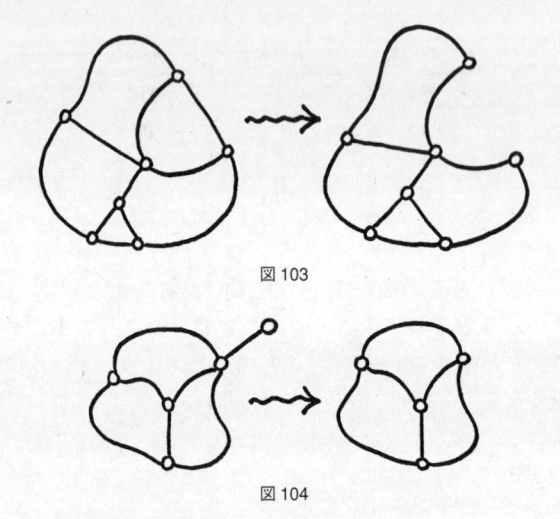

図104

(1) E と F がどちらも1つずつ減る場合.
(2) V と E がどちらも1つずつ減る場合.

ある地図から,外側の1つの辺と面を消す(図103)のが第1の場合で,飛び出した頂点と辺を消す(図104)のが,あとの場合だ.

この2つの操作を「消去」とよぶことにする.そこで,消去の列によって,$V-E+F$ は変わらないことがわかった.消去を1回行う毎に海は陸地に入り込んでいき,ついには地図はただの1点となる(図105).

そうすると,$V=1, E=F=0$ だから
$$V-E+F=1$$

図 105

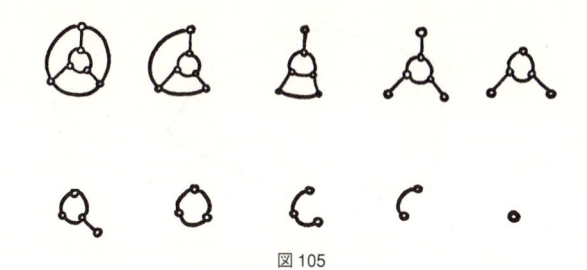

ところが，この値は初めのときから変わっていないのだから，初めの地図についても
$$V - E + F = 1$$
が成り立つ．

これを「オイラーの公式」といい，いろいろな場面でたいへん役に立つ．まず，この章の最初の問題に応用してみよう．

平面的でないネットワーク

問題をもう一度述べる．

「図 99 のネットワークは平面的か？」

まず，これが平面的であると仮定して議論を始め，これから矛盾を引き出せば，それが平面的ではないことがいえるだろう．

図 99 のネットワークでは，$V=6, E=9$ だ．これは平面的ではないらしいから，F は数えようがないが，もしも平面的だとすると，オイラーの公式から

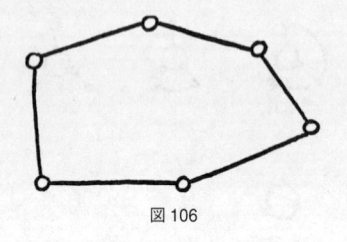

図 106

$$6-9+F=1 \text{ つまり } F=4$$

となる．この面は，どこに現れているのだろうか．

平面地図の島の周囲は，図106のような，辺と頂点の閉じた「ループ」（回路ともいう）だ．図99を調べてみると，このような閉じたループの辺の数は4あるいは6であることが，すぐにわかる．このネットワークが平面的なら面の数が4であることはわかっているので，この4つの面についての辺の数の可能性を列挙すると，次のように5通りの場合がある．

4	4	4	4
4	4	4	6
4	4	6	6
4	6	6	6
6	6	6	6

地図の一番外側の辺以外は，どの辺も2つの面の境界になっている．そこで，外側の海の部分も非常に大きな面とみなすと，面の数は5で，どの辺も2つの面の境界となる．この5つの面について，辺の数の可能性を列挙す

ると，次の6通りの場合が考えられる．

$$
\begin{array}{ccccc}
4 & 4 & 4 & 4 & 4 \\
4 & 4 & 4 & 4 & 6 \\
4 & 4 & 4 & 6 & 6 \\
4 & 4 & 6 & 6 & 6 \\
4 & 6 & 6 & 6 & 6 \\
6 & 6 & 6 & 6 & 6
\end{array}
$$

どの辺も2つの面の境界となっているから，各面の辺の総和は，本当の辺の数の2倍だ．上の表で E を求めてみると，$E = 10, 11, 12, 13, 14, 15$ のどれかとなる．ところが，$E = 9$ はわかっているのだから，これはおかしい．

そこで，図99は平面ネットワークではなく，最初のパズルは不可能ということがわかった．

同じ考え方で，図107のネットワークを研究してみよう．これは $V = 5, E = 10$ だから，これが平面的だとすると，$F = 6$ となる．どの面も辺の数は3だから，外側の海も面と数えると，各面の辺の総和は，少なくとも $3 \times 7 = 21$ 以上だ．半分にすると，辺の本当の数は10より大きい．ところが $E = 10$ なのだから，矛盾する．そこで図107も平面ネットワークではない．

この2つのネットワークは，すべての非平面的ネットワークの代表として重要なものだ．クラトフスキは，次のことを証明した．

「どんな非平面的ネットワークも，この2つのどちらか1つを部分ネットワークとして含む」

図107

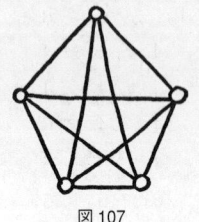

　主張していることの意味はすぐにわかるが、証明はたいへんむずかしく、何ページも要るから、ここではできない．

　平面ネットワークの問題は、電気回路——プリント配線や集積回路——に応用される．もちろん実際には、線の長さが問題になるし、また、導線が交差しなくても近くを通るだけで影響が生じることもあるが．

いろいろな応用

　オイラーの公式はまた、有名な「4色問題」——ある地図が与えられたとき、辺に沿って隣接した2国に別の色を使うとすると、最低何色が必要か——にも応用できる．

　図108を見れば、4色が必要なことは確かである．また、どの国も他の4つの国と辺で隣接する（つまり、塗り分けるのに、5色が必要な）地図は作れない．しかし実例をたくさん試みただけでは、証明にはならない．「5色で十分だ」というのが現在まで知られている最良の結果で、この4と5のギャップはまだ埋められていない（実

図108

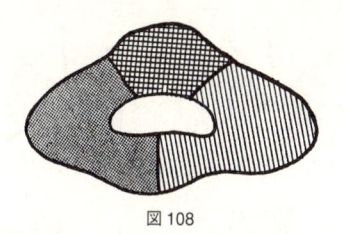

は1976年に解決した〔注11.2〕). それならやってみよう, と突進する人があるといけないので, これは非常にデリケートな問題であることを警告しておく. 平面ネットワークの性質をよほど深く研究してからでなければ, 手も足も出ないだろう.

今までは,「地図」といえば平面上の地図を考えていたが, 次のようにすれば, 球面上の地図でも同じことだ. つまり, 球面上の地図の1つの面に小さな穴をあけて, 平面上に引きのばせばよい. 逆に, 平面上の地図は球面にたたむこともできる.

したがって, 平面上の地図が4色で塗れれば球面上の地図も4色で塗れるし, 逆も成り立つ. このとき, 平面地図の外側の海も1つの面とみなすと, 面の数が1つ増えるから, オイラーの公式は

$$V - E + F = 2$$

となる.

さて, 球面上のどんな地図も5色あれば塗り分けられることを証明しよう. その方針は, 次の通り.

図 109

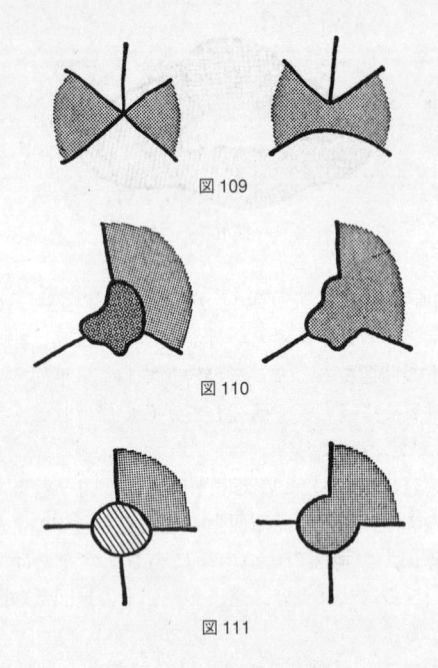

図 110

図 111

　与えられた地図 M の面の数を減らした新地図 M' を作り，M' が5色で塗り分けられるならば M もそうであるようにする．この手順を続けていって，最後に面の数が5以下の地図に帰着できればよい．

　以下，いちいち断らないが，どの手順でも，新しい地図 M' が5色で塗り分けられれば，もとの地図 M も5色で塗り分けられるようにしてある．確かめてみるとよい．

(1) まず，4つ以上の面が集まる頂点があれば，接触していない2つの面をつなげる（図109）．

これを繰り返せば，すべての頂点に集まる面は3つとなる．

(2) 次に，3つの辺を持つ面は，隣の面と合併する（図110）．

(3) 同様に，4つの辺を持つ面も隣の面と合併する（図111）．

(4) このようにして，球面上の地図のどの面も，少なくとも5つの他の面と接するようにできた．

次に，ちょうど5つの面と接している面があることを証明する．

この地図の頂点がV個，辺がE個，面がF個とすると，(1)によって，どの頂点も3つの辺の上にあり，またどの辺も2つの面の境界だから

$$3V = 2E = aF$$

ここでaは1つの面の辺の平均個数だ．これを

$$V - E + F = 2$$

に代入すると

$$\frac{a}{3}F - \frac{a}{2}F + F = 2$$

$$a = 6 - \frac{12}{F} < 6$$

平均個数aが6より小さいのだから，6辺より少ない面がある．どの面の辺も5以上だから，ちょうど，5つの辺

図112　　　　　図113

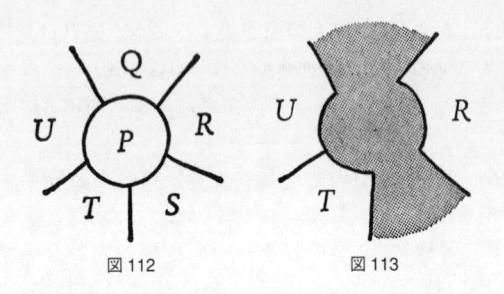

を持つ面がある．

(5) この5辺の面Pの隣の面を，Q,R,S,T,Uとする（図112）．

離れている2面たとえばQとSがあるから，P,Q,Sを合併する（図113）．この地図でQとSは同じ色だから，Pのまわりには4色しかなく，1色余る．

(6) 合併する度に面の数は減っていくから，ついには，5面以下の地図が得られ，これはもちろん5色で十分だ．

以上のすべての手順を逆にたどっていけば，212ページの注意によって，もとの地図は5色で塗り分けられる．

まとめると，次のようになる．

与えられたもとの地図Mに消去プロセスを施して，簡単な地図M'に移す．このプロセスの各ステップは，M'が5色で塗れればもとのMも5色で塗れるようにしてある．そして最後に，確かに5色で塗れる地図（面が5つ以下の地図）にもっていく．この手順を逆にたどっていけ

ば，もとの地図が5色で塗れることが証明できたことになる．

あまり複雑でない地図を実際に描いて，上の手順を自分でやってみれば，よくわかると思う．

球面でない曲面（たとえばトーラス）の上の類似の問題は完全に解決されている．これは次の章で証明する．ところが，曲面の中で最も単純な球面について今までわかっていることは，4色が必要，5色で十分ということだけだ〔211ページの注意を見よ〔注11.2〕〕．

4色問題は，説明することはやさしいが解決はおそろしくむずかしい問題の極端な一例だ．

12 位相不変量
いろいろな曲面とその分類

2つの位相空間の同型については，184ページで説明したとおりだが，具体的に与えられた2つの位相空間が同型であることの証明は，むずかしくない場合が多い．それらの間の適当な両連続の関数を見つけられればよい．

しかし，2つの曲面が同型でないらしいとき，本当に同型でないことを証明するのは，ずっとむずかしい．考えられる無数の関数のどれもが不適当なことを示さなければならない．次の図114の2つの曲面（表面だけで，中味は考えない）は，位相同型でないことは明らかだ．しかし，どうやって証明したらよいのか．

「トーラスに穴があるが，球面には穴がない」と言うか

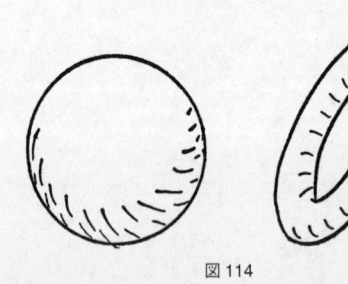

図114

図 115

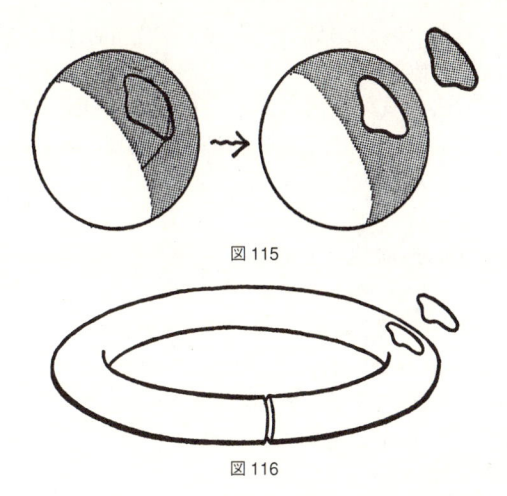

図 116

もしれない．しかし穴はトーラス自身のものではなくて，それをとりまく空間のものだ．そして，周囲の空間と関連させて結論を出すと危険だ，ということを，189 ページで注意した．それ自身を1つの位相空間として考えれば，トーラスにはどこにも穴はない．見かけ上の穴はトーラスには属していない．

同型でない2つの位相空間を識別する1つの方法は，片方にはあるが他方にはない位相的性質を見出すことだ．たとえば，球面上の閉曲線は，球面を2つの部分に分ける（図 115）．ところが，トーラスの上には，表面を2つに分けない閉曲線がある（図 116）．

閉曲線・連結・非連結などは位相的概念だから，2つの

空間，いまの例では球面とトーラスが位相的に異なることの証明に使える．このテクニックを精密にすれば，穴が19あいたトーラスと18あいたトーラスは位相的に異なることも証明できる．しかしその証明の詳細はゴタゴタしてたいへんめんどうだ．

一般のオイラーの式

211ページで説明したように，
「球面上の地図では $V-E+F=2$」
というのは，位相的性質だ．球面に連続変形を行っても，V, E, F の数も $V-E+F$ の値も変わらない．

トーラスの上に地図を描いてみると，$V-E+F$ はもはや2ではない．図117について数えてみると，$V=4, E=8, F=4$ だから $V-E+F=0$ となる．

球面上のどんな地図についてもオイラーの公式が成り立ったと同じ理由で，上の関係は，トーラスの上のどんな地図についても成り立ち，位相的な性質だ．

さてこれらのオイラーの公式を，もっと広い位相空間

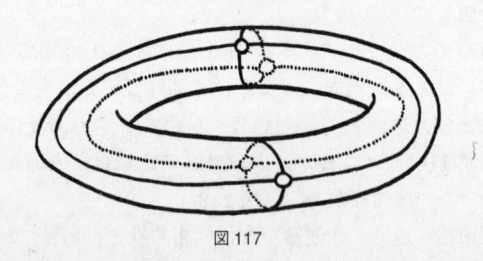

図117

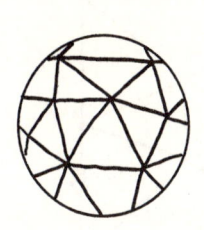

図 118

（いまの場合は曲面）に拡張しよう．

球面もトーラスも 3 角形分割できる．つまり曲面に密着した 3 角形の網で覆える（図 118）．

もちろん 3 角形が曲っていても，辺が直線でなくても普通の 3 角形と位相同型な 3 角形であればよい．

どの 2 つも 1 辺を共有するか，あるいは 1 頂点を共有するような有限個の 3 角形から構成できる曲面は，「3 角形分割可能」だという．そこで，

(1) 3 角形分割可能
(2) 連結
(3) ふち（境界）を持たない

のような位相空間を「曲面」（閉曲面）という．球面，トーラス，クラインのつぼ，射影平面などは，曲面の例だ．次の図 119 に射影平面の 3 角形分割を示す．メビウスの帯はふちがあるので，ここでいう意味の曲面ではない．また，平面は有限個の 3 角形では構成できないので，これも曲面ではない．

図119

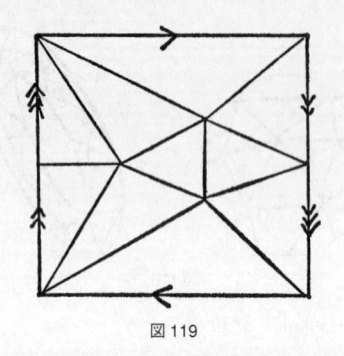

　曲面 S の上に地図を作り，その頂点，辺，面の数をかぞえて，$V-E+F$ を作ると，この値は地図の描き方にはよらない．これを，この曲面 S の「オイラー標数」とよび，$\chi(S)$ と書く：
$$\chi(S) = V - E + F$$
　位相同型の曲面ならば，$\chi(S)$ は地図 S の描き方にはよらず，位相不変量（位相同型な空間に共通な性質）だ．

　もう1つの位相不変量に方向付け可能性がある．トーラスは方向付け可能だがクラインのつぼはそうではないので，この2つは位相同型ではない．

　この本でこれまで現れた5種類の曲面の位相同型性を識別するには，この2つで足りる．次にこれをまとめておく：

S	$\chi(S)$	方向付け
球　　　面	2	可　　能
ト ー ラ ス	0	可　　能
2重トーラス	-2	可　　能
射 影 平 面	1	不 可 能
クラインのつぼ	0	不 可 能

曲面を作る

この章の目的はあらゆる曲面の分類だが，まず曲面の標準形を作ろう．その方法は，曲面を切ったりつないだりする外科手術とよばれるもので，トポロジーの研究にはよく使われる〔注 12.1〕．

方向付け可能な標準曲面は，球面にハンドルを縫い付けて作る．ハンドルがなければ球面だ．ハンドルを縫い付けるには，まず球面に 2 つの穴をあけ，円柱面の両端をそれぞれのふちに縫い付ける（図 120）．円柱を 1 つ縫い付ければトーラスで，2 つ縫い付ければ 2 重トーラスで，以下同様．一般に球面に n 個のハンドルをつけた曲面を「方向付け可能な種数 n の標準曲面」とよぶ．

方向付け不可能な標準曲面は，球面にメビウスの帯を縫い付けて作る．まず，球面から 1 つの穴を切りとると，ふちは 1 つの円状の曲線だ．188 ページで説明したように，メビウスの帯のふちもまた 1 つの閉曲線だから，それを球面の穴に縫い合わせることができる．しかし，これ

図 120

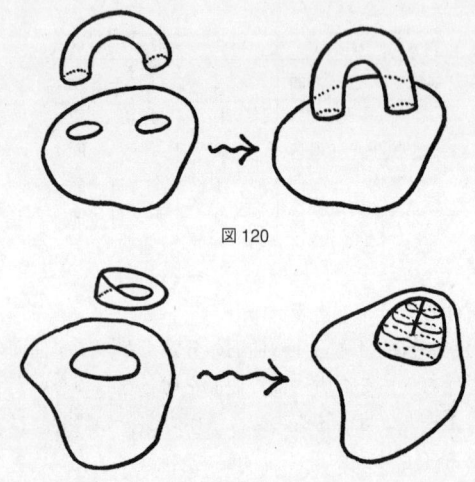

図 121

を 3 次元空間内で行おうとすると，メビウスの帯は必ず自分自身と交わり，図 121 のようなクロス帽となる．しかし，抽象的に行うぶんには，少しも差し支えない．

　球面に 1 つのメビウスの帯を縫い付けると，射影平面が得られ（図 86），2 つのメビウスの帯を，たがいに縫い合わせると，クラインのつぼとなる（図 83）．

標準曲面のオイラー標数

　次に，標準曲面のオイラー標数を計算してみよう．方向付け可能な曲面については，次のようにする．まず，球面上にある地図を描くと，211 ページで説明したように

図 122

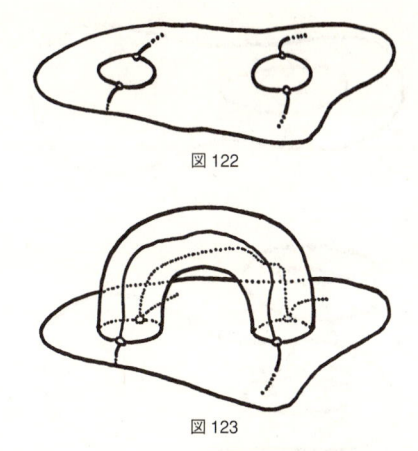

図 123

$$V - E + F = 2$$

が成り立つ．次に，この地図の 2 つの面を円板とみなして切り取り（図 122），図 123 のようなハンドルをつける．

球面上の面は 2 つなくなるが，ハンドルの上に 2 つの面が現れる（ハンドル上に，地図の 2 つの辺を描き込むことに注意）．頂点の数は変わらず，辺は 2 つ増える．そこで結局，オイラー標数は 2 だけ減る．ハンドルを 1 つ縫い付ける毎にこうなるから，n 個のハンドルをつけると，オイラー標数は $2n$ だけ減る．かくして，方向付け可能な種数 n の曲面のオイラー標数は

$$\chi(S) = V - E + F = 2 - 2n$$

となる．

図 124

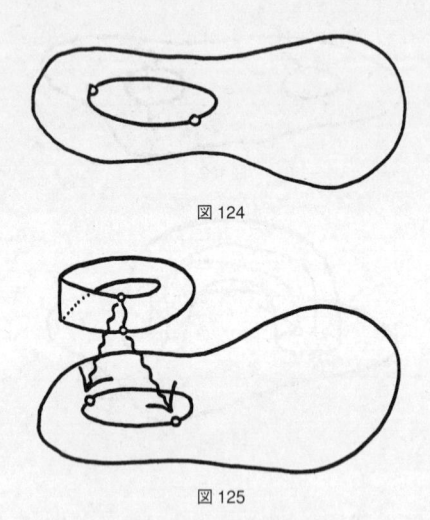

図 125

これから，種数が異なる2つの曲面のオイラー標数は異なること，したがってそれらは位相同型ではないこともわかった．

次に，方向付け不可能な曲面のオイラー標数を求めよう．円板を切りとった曲面が図124のようであったとする．これに，図125のようにメビウスの帯を1つ縫い付けると，球面上では面が1つなくなり，帯では面と辺が1つずつ増えるから，オイラー標数は1つ減る．メビウスの帯を1つ縫い付ける毎にこのようになるから，方向付け不可能な種数 n の標準曲面のオイラー標数は

$$\chi(S) = V - E + F = 2 - n$$

となる．これも，曲面の位相同型の識別に役立つ．

かくして，オイラー標数と方向付けの可否の2つの不変量によって，標準曲面の分類ができることがわかった．

次に任意の曲面は，標準曲面のどれかと位相同型であることを示す．

曲面の分類

以下で説明する証明は，ジーマンが考えたもので，与えられた曲面を外科手術によっていくつかの切片に切り離してから，それらを1つの標準曲面に縫い上げられることを示す．これらの操作はもちろん位相同型であるようにする．つまり，切り離したもとの線に沿って縫い合わせる．

S を曲面とする．S の表面に，S を2つに分離しないような閉曲線があれば，そのような曲線を次々と引いていく．そのような曲線が引けなくなったら，そこでやめる．

この閉曲線に沿った細い帯 b は，円柱かメビウスの帯のどちらかと位相同型だ．

今度は，次のような手術をする．もしも b が円柱ならば，それを切りとったあとの2つの穴に，円板を1枚ずつ縫い付ける．このとき，あとで円柱に戻れるように，矢印をつけておく．

もしも，b がメビウスの帯ならば，そこに1枚の円板を縫い付ける．

オイラー標数を計算してみると，b が円柱の場合には2だけ，b がメビウスの帯のときは1だけ増える．そこで，

次の2つの命題を使う（これらは，あとで証明する）．

命題A 任意の曲面のオイラー標数は，高々2である．

この命題Aによって，上で行った手術は，有限回ののちに終わりとなり，曲面を分離しない曲線が存在しなくなって，ストップする．

命題B その上の任意の閉曲線で非連結な部分に分かれる曲面は，球面と位相同型である．

これによって，手術が終わったときは球面になっている．

次に，この手術を逆戻りする．このとき次の3通りの場合が生じる．

(1) 反対向きに矢印がついている2枚の円板に対しては，1つの円柱をつける．ハンドルをつけるといっても同じことだ（図126）．

(2) 1つの円板には，メビウスの帯をつける．

(3) 同じ向きの矢印の2枚の円板については，円柱をもとのように縫い付けるということは，1つのクラインのつぼを縫い付けることと同じで（図127），これはまた，2枚のメビウスの帯を縫い付けることと同じだ（図83を見よ）．だからこの手術は，(2)の手術を2回行うことと同じになる．

最初の曲面Sが方向付け可能だとすると，第1種の手術しか現れてこない．そこで，最後には，球面にいくつかのハンドルが付いたものができあがり，これが，方向付け可能な曲面の標準形だ．Sに対してした手術は，すべても

図126　　　　　　　図127

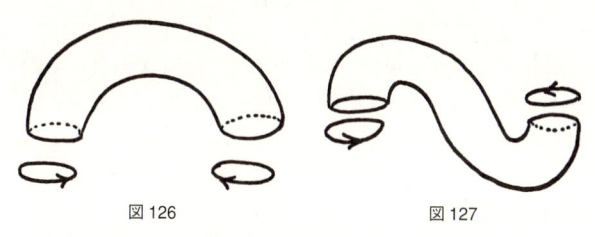

と通りに戻したので，（縫い目は残っているかもしれないが）S はこの標準曲面と同型だ．

　方向付け不可能な曲面 S から出発すると，3種の手術はすべて現れるが，上のように第3種の手術は第2種に帰着できる．S は方向付け不可能だから，少なくとも1回は，第2種が現れる．もしも第1種があれば，1つの円板をとり除いて，そのまわりにメビウスの帯をつける．そうすると，第10章の手袋の話を思い出すと，円板の矢印は逆転する．そこで，第3種の手術となる．これはさらに，2つの第2種の手術に直せる．このようにして，手術はすべて第2種，つまりメビウスの帯を縫い付ける手術だけで間に合う．そして，方向付け不可能な標準曲面が得られる．

　このようにして，まだ証明していない2つの命題 A，B は別にして，次のことが証明された．

　　「任意の曲面は，種数 $n \geq 0$ の方向付け可能な標準曲面あるいは，種数 $n \geq 1$ の方向付け不可能な標準曲面と位相同型である」（あとの場合には $n=0$ の場合はない．このときは球面で，方向付け可能となり，前

の場合に含まれる).

考え方の流れを中断しないために, 命題Aおよび命題Bの証明をあとまわしにしてきた. 次にこれを証明しなければならない.

命題Aの証明

ネットワーク N では, 面は考えないで, そのオイラー標数を
$$\chi(N) = V - E$$
と定義する.

$\chi(N) \leq 1$ であることを示そう.

N にループがあったら, その1つの辺を除いて回路を切り開く. E は減って, $\chi(N)$ はふえる. ループがなくなるまで, この操作を続ける. ループのないネットワークを「木」とよぶ. 図128は木の例だ.

次に木に対して, 11章 (206ページ) で行ったような

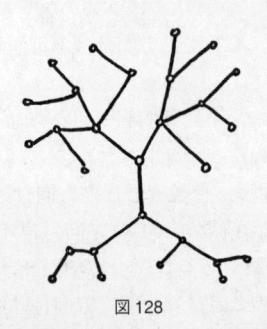

図128

消去を施す．つまり1つの枝（辺）の端とその枝自身を除く．こうしても $\chi(N)$ は変わらない．これを続けていくと，ついには1点となり，そのオイラー標数は $\chi(N) = 1 - 0 = 1$. これを逆の手順で N に戻していくと，χ は減少するから

$$\chi(N) \leq 1$$

となる．

同時に，木の標数は1であることもわかった．

次に，曲面 S について

$$\chi(S) \leq 2$$

を証明する．S は3角形分割可能だから，S の上に3角形を面とする地図が描ける．これに対して，図129のような方法で，S の双対地図 S' を作る．つまり各3角形の内部に1点をとり，これを新しい頂点とし，次に隣り合った2つの3角形の中の2つの新しい頂点を結ぶ辺を引く．

この双対地図の頂点と辺は，ネットワークとなる．このネットワークの中に，これ以上のばすと木でなくなるような，できるだけ大きな木を作る．これを「極大双対木」とよぶ（図130の中に太い線で描いた）．

極大双対木は，双対地図のすべての頂点を含む（そうでないときは，さらに枝をのばせるので，極大性に反する）．

双対ネットワークの，極大双対木に含まれない部分は2つの非連結な部分には切り離されない．そのようになるのは，この双対木が双対ネットワークのある部分を完全にと

図 129

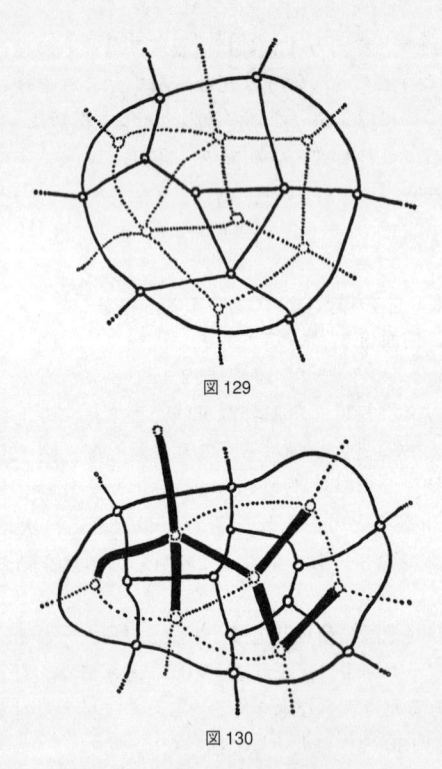

図 130

りまいている場合に限られるが, 双対木にはループがないのだから, こんなことは起こらない. 木にはループがない.

　M を極大双対木, C を双対ネットワークの, M に含まれない残りの部分とすると, 次のような双射が存在する.

(1) S の 3 角形と M の頂点の間.
(2) S の辺と M, C の辺の間（S の 1 つの辺に対して双対辺がただ 1 つ定まり，M と C とを合わせると双対ネットワーク全体となるから）.
(3) S の頂点と C の頂点の間（S の各頂点には双対地図の 1 つの面が対応し，この面のただ 1 つの頂点が C に属する．2 つ以上あれば，M はもっと大きくできる）.

そこで
$$\chi(S) = \chi(M) + \chi(C)$$
M は木だから $\chi(M) = 1$，C は連結だから $\chi(C) \leqq 1$，そこで
$$\chi(S) \leqq 2$$
が証明できた.

命題 B の証明

S を曲面とし，S の上の任意の閉曲線は S を 2 つに分離するとする．S は球面であることを示そう．

まず，$\chi(S) = 2$ を証明する．M と C を前のように定義すると
$$\chi(S) = \chi(M) + \chi(C)$$
もしも $\chi(S) \neq 2$ とすると $\chi(C) \neq 1$ で，C は木ではなくなる.

そこで，C はループを含むが，このループは S 上の閉曲線で，仮定によって S を 2 つに分離する．C のループ

図 131

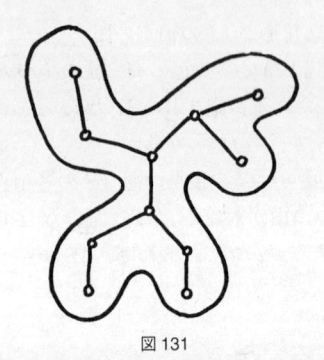

によって分けられたこの各部分は，1つずつの双対頂点を含むはずだ．それらは M の中で結ばれているから，M は C のループを横切る．ところが，M と C には共通点はないはずだから，これは矛盾だ．したがって，仮定 $\chi(S) \neq 2$ は誤りで，$\chi(S) = 2$ となる．

そこで，$\chi(C) = 1$ で，C は木となる．図131のように，木をちょっと太らせると，これは円板と位相同型となる．なすべきことは，枝を縮めて1点にすることだ．

S の2つの部分集合を，次のように定義する．C より M に近い S の点の集合を X，M より C に近い点の集合を Y とする．X も Y も M か C を太らせたものだから，円板と位相同型で，辺に沿って接している．したがって，S は，2つの円板を辺に沿って縫い合わせたもの，つまり球面と位相同型となる．

球面上の地図の塗り分け

標準型の曲面上の地図を塗るには,何色が必要だろうか.

オイラー標数 n の曲面上では,$n \leq 1$ のときは

$$\left[\frac{1}{2}(7+\sqrt{49-24n})\right] 色$$

で十分なことが知られている(本質的には球面上の5色問題と同じ方法で証明できる).[ ]はガウスの記号で,$[A]$ は A を超えぬ最大の整数をあらわす.球面を除いて,この公式は正しい.

$n=0$ のトーラスに対しては,上の「十分な数」は7となるが,図132に示すように,これはまた必要数でもある.

最近の研究によれば,球面とクラインのつぼの2つを除くすべての曲面に対して,上の公式は正確な必要数を与

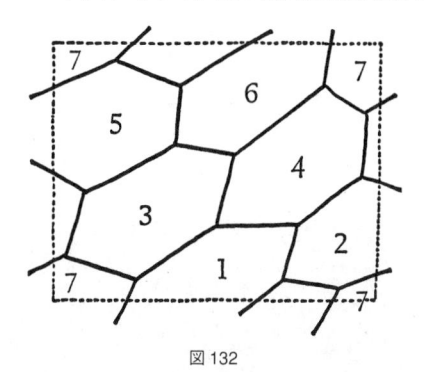

図 132

えることが示された．球については4となるが，これが十分かどうかはわかっていない．またクラインのつぼに対しては7となるが，これは明らかに誤りで，6でよい．

　4色問題は実に不思議だ．最も単純な面——球面——の場合だけが解決されていないのだから．

13 代数的位相幾何学
曲面分類の目印,ホモトピー

オイラー標数は,位相同型でない2つの位相空間を区別する数値的な不変量だった.他の不変量を探す研究から,現代数学の2つの大きな分野つまり解析学と代数学との深い関連が発見された.位相空間に付属させる代数的不変量は無数にあるが,最も普通の方法は,位相空間に群を,すなわち位相同型な位相空間は同型な群を持つように対応させることだ.

十分多くの不変量を用意すれば,位相空間の広いクラスの分類ができるという希望が持てる.曲面では,オイラー標数と方向付け可能性で十分だった.曲面以外の位相空間に対しては,この分類はまだ完成していないが,数学者たちは,この問題の真の理解にかつてないほど接近している.

穴,道,ループ

普通の円板と穴のあいた円板とを識別する方法を考えよう.

円板の上の任意の閉曲線は1点になるまで縮められるが,もしも穴があると,この穴をとりまく道は,穴が邪魔

図 133

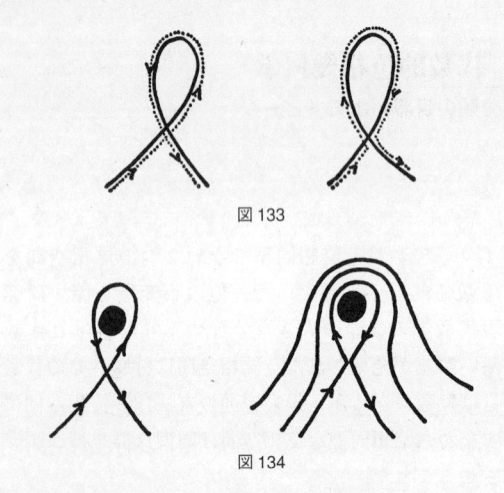

図 134

をして1点には縮められない.

閉曲線の可縮性（1点にまで縮められるという性質）は明らかに位相的性質だから，2つの位相空間を識別する新しい概念が得られた．これから展開しようとすることは，このアイデアの発展だ．空間内に閉曲線を作ってそれを変形させてみれば，穴が発見できる．

まず，用語を明確に定義する．位相空間内の2点を結ぶ線を「道」という．くねくねしていても自分自身と交わっていてもよいが，切れていてはいけない．道は連続だとする．

しかし自分自身と交わっているときには，交点から先の回る方向を指定する必要がある．図133の2つの道は，

図 135

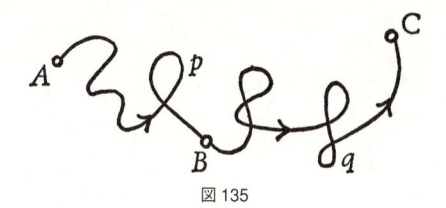

ちがった道とみなす.

これは重要なことだ. 穴を発見するために道を描くとき, 道の回り方と穴の囲み方とは関係がある. 図134で, 左の道は穴を囲んでいるが, 右の道はそうではない.

道に沿う進み方を指定するための最も簡単な方法は, それに沿って動く点を考えることだ. 時刻 t におけるこの点の位置を $p(t)$ とする. それは時刻 t_0 でスタートし, t_1 で終わる. 道は切れていないのだから, p は t の連続関数で, その定義域は区間 $t_0 \leqq x \leqq t_1$ の実数 x で, 与えられた位相空間が終域だ. このような1つの関数は1つの道を定義し, 逆に1つの道は1つの関数を定義する.

図135のように, ある道 p の終点Bから別の道 q が始まっていれば, これを1つに合成できる. まず p に沿ってAからBに進み, そこで時計の針をもとに戻して, q に沿ってBからCまで進む. このようにして得られた道を

$$p*q$$

と書く.

p は区間 $t_0 \leqq x \leqq t_1$ で定義され, q は区間 $t_2 \leqq x \leqq t_3$ で定義されているとすると, 途中で時計の針がもとに戻さ

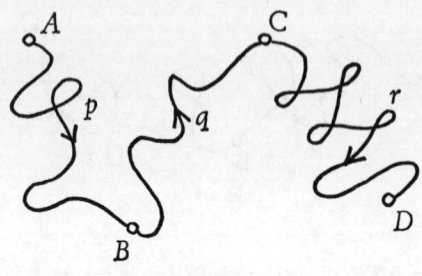

図136

れたのだから，$p*q$ は区間 $t_0 \leq x \leq t_1 - t_2 + t_3$ で定義される．

道の結合 $*$ は，道の集合の上で定義された演算だ．2つの道の結合はやはり1つの道になるから，道の集合は演算 $*$ について閉じている．さらに，$*$ は結合的だ（図136）．

まずAからBに，次にBからCを通ってDつまり $p*(q*r)$ は，まずAからBを通ってC，次にCからDつまり $(p*q)*r$ と明らかに同じだ（これは，関数の結合が結合的であることを思い出させる．しかし，$p*q$ は積 pq とはちがうことに注意せよ．実際，p と q は定義域も値域もちがうから，積 pq は定義できない）．

しかし，任意の2つの道が結合できるとは限らない．端点についての条件がある．もしも，基点Aを固定し，Aにおけるループつまり A からスタートしてAに戻る道だけを考えることにすれば，第2の道は，いつも第1の

道の終点Aからスタートしているのだから,結合はいつもできる.このようなわけで,Aにおけるループの集合は演算∗について閉じており,この∗は結合的だ.

これで群の公理(130ページ)(1),(2),(3)が満足されることがわかった.公理(4)は成り立つ.トリビアルなループ——Aにとどまっている道(それを回るのに全く時間がかからない道)——はどのループに結合しても変わらないから,これを恒等ループとする.

逆元の存在を主張する(5)はどうか.それは逆にすることだからループを逆にするには,回る方向を逆転すればよいと思われる.

ちょっと残念だが,具合のわるい点がある.pとpの逆p^{-1}とを結合すると,トリビアルなループになるはずだ.トリビアルなループを回るには全く時間を要しない,と言ったが,しかし$p*p^{-1}$を回るには,少なくともpを回るだけの時間はかかる.

恒等ループの定義を変えてもだめだ.もしも$p*x$がpに等しいならば,xを回るのに時間を要しないはずだ.

それはそれとして,群の概念にかなり近いところまできた.次に進む.

ホモトピー

整数の環Zは乗法の逆元を持っていないが,素数を法とする剰余類を作ると,不思議と,逆元があらわれた(108ページ).

図 137

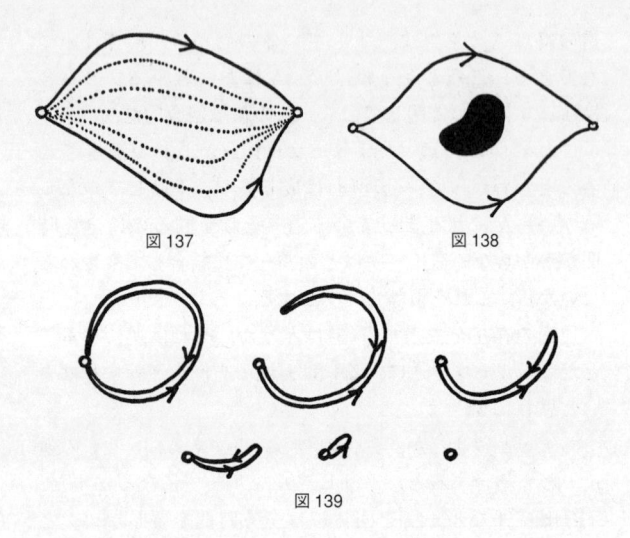

図 138

図 139

　現在の状況もこれと同じだ．逆元が欲しいのだが，ない．そこで，ループの集合をある類に分けて，類の演算を考えよう．それには，ループの合同が定義できればよい．最初の目的は，ループを使って穴を検出することだったから，これがよい手引きとなる．円板の穴を検証するために，ループを1点に縮めた．

　空間 S の2つのループは，S の中の連続的変形で他方に移れるとき，「ホモトピック」だという．

　ループでないもっと一般の道に対するホモトピックの定義もやさしい．ループの場合と全く同じだが，ホモトピックな道の端点は，もちろんどれも同じでなければいけな

い．図137の2つの道はホモトピックだ．途中の変形は点線で示してある．

図138の2つの道はホモトピックではない．穴が邪魔している．

そこで，道の代わりに道の「ホモトピー類」を考える．与えられた道pに対して，pにホモトピックなすべての道の集合を$[p]$と書く．これがpを代表元とするホモトピー類で，整数の剰余群の合同類と同じ役割をする．

道pの逆をp^{-1}とする．$p*p^{-1}$はトリビアルなループそのものには等しくはないが，それとホモトピックだ．図139に示すように，$p*p^{-1}$を基点に向けてだんだんと縮めていくと，それを回る時間はどんどん短くなる．そして，ついに1点になり，回る時間は0となる（わかりやすくするために，pとp^{-1}はちょっと離して書いておいた）．

これで，ほとんどできあがった．ホモトピー類の結合を
$$[p]*[q] = [p*q]$$
と定義する（この定義が意味を持つこと，つまり結合の結果が代表の道の選び方によらないことをチェックしてみよ）．そうすると，ループのホモトピー類の集合は，結合演算$*$について群をなすことがわかる〔注13.1〕．

この群を，空間Sの「基本群」とよび，$\pi(S)$と書く．この構成法はポアンカレによる．

空間SとTが位相同型だとすると，fもf^{-1}も連続な写像

$$f: S \longrightarrow T$$

が存在する.

連続関数は S の道を T の道に移す. 道の結合の定義は位相的で, ホモトピーの定義もそうだ. そして, f によって, ホモトピー類の間の写像 F:

$$F([p]) = [f(p)]$$

が定義され, この定義の仕方から

$$F([p]*[q]) = F([p])*F([q]) \quad (*)$$

が成り立つ.

同じ方法で, 逆写像 $f^{-1} = g : T \longrightarrow S$ から G が定義され, これは F の逆関数となる. そこで F は双射であり, 式 (*) は F が同型写像であることを示す.

このようにして, $\pi(S)$ と $\pi(T)$ は同型で, $\pi(S)$ は(代数的な)位相不変量となる〔注 13.2〕.

$\pi(S)$ から数値的な位相的不変量, たとえば群 $\pi(S)$ の位数などを引き出すこともできるが, こうすると重要な情報が失われてしまう.

円の基本群

基本群はそれが具体的に計算できないと, あまり役には立たない. 一般にはこれは容易な仕事ではない. 基本群の計算とその一般化が, この理論の主体をなす.

空間 $\boldsymbol{R}$, $\boldsymbol{R}^2$, 円板, 3次元の球, などの特別な空間についてはやさしい. これらの空間には穴がないから, 図 140 のようにどんなループも 1 点に縮められる.

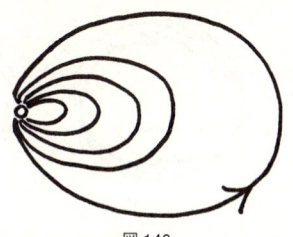

図140

　したがって，その基本群は，ただ1つの元のみからなるトリビアルな群だ．

　211ページで説明した操作を使うと，球の表面Sの$\pi(S)$が計算できる．Sの上の任意のループをpとする．pの上にない1点Pをとり，Pを囲みpと交わらぬ小円板をSから取り除く．残りを平面状に広げると，この平面の内部でpは1点に縮められる．この平面をふたたび元に戻す．こうして考えると，pがSの1点に縮められることがわかる．そこで，$\pi(S)$はトリビアルな群だ．

　次に簡単な場合は，Sが円の場合だ．Sの中のループはSを何回かとり巻く．この回数をこのループの「巻き数」という．図141のループ（わかりやすくするために，重なっているはずの2つの線を離して描いてある）の巻き数は，それぞれ1, 2, 0だ．向きを逆転すると，巻き数はそれぞれ$-1, -2, 0$となる（便宜上，反時計方向の回転を+とした）．

　これから証明したいのは，巻き数はホモトピー類を決定すること，すなわち「2つの道は巻き数が等しいとき，そ

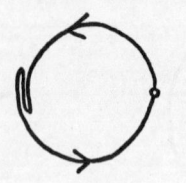

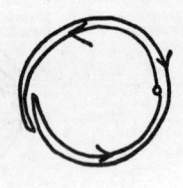

図141

のときに限ってホモトピックとなる」ことだ.

直観的には明らかだ．ループを連続的に変形するだけでは巻き数が変わるとは思われない．トリビアルなループの巻き数はもちろん0だし，上の3番目の巻き数0のループも1点に縮められる.

これを証明するために，図の中に別の空間を導入する．この空間のホモトピックな性質は容易に計算できる．この空間と円とは密接な関係があるので，これから円のホモトピックな性質が導かれる.

円の上方におかれたラセン階段のような曲線Lを考える．円上の基点Aの真上に点Oがある．円Sの中の任意のループは，「持ち上げ」られて曲線Lの中の道となる．S上の1点とそれに対応するL上の1点を考える．S上の点がループを回るにつれて，L上の点はLの上を連続的に動く．図141のループに対しては図142のようなL上の道が得られる.

持ち上げられた道はOで終わるとは限らない．ラセン上のOの何段か上の点あるいは下の点で終わるかもしれない．その終点がOから何段上あるいは下にあるかとい

図 142

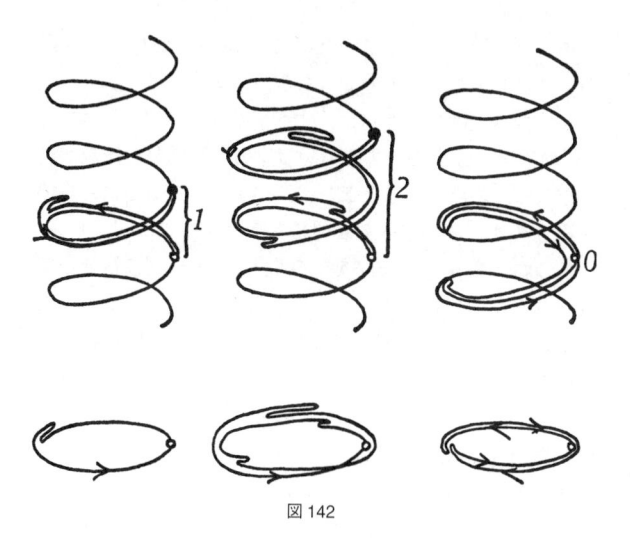

う数は、ちょうど巻き数に等しい。必要ならば、これを巻き数の定義としてもよい。

大切なことは、「S の2つの道は、持ち上げられた道が L でホモトピックなときだけホモトピックになる」ということだ。L のホモトピーがあれば、それを「射影する」と S のホモトピーができる。逆に S のホモトピーは L のホモトピーに「持ち上げられる」。S の道を変形すると、対応する L の道も変形する。

ところが、L は閉じていない曲線だから、そのホモトピックな性質はトリビアルで、$\pi(L)$ はトリビアルな群だ。L の2つの道は端点が一致するとき、そのときだけ

ホモトピックだ．これが必要なことは明らかだし，$\pi(L)$ がトリビアルだから十分でもある．

L に持ち上げられた道は，すべて O からスタートする．2つの道は，O から上方あるいは下方に移動した段数が同じならば，終点も同じとなる．このようになるのは，対応する S のループの巻き数が同じときだけだ．

S の巻き数 n のループを巻き数 m のループに結合して得られたループは，まず n 回，次に m 回まわるから，巻き数は $n+m$ だ．これから $\pi(S)$ は整数の加法群 **Z** と同型なことがわかる．

射影平面

S を射影平面とすると，$\pi(S)$ は2元

	I	r
I	I	r
r	r	I

となる．r は図143の道のホモトピー類だ（射影平面は，

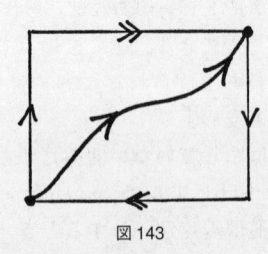

図143

図 144

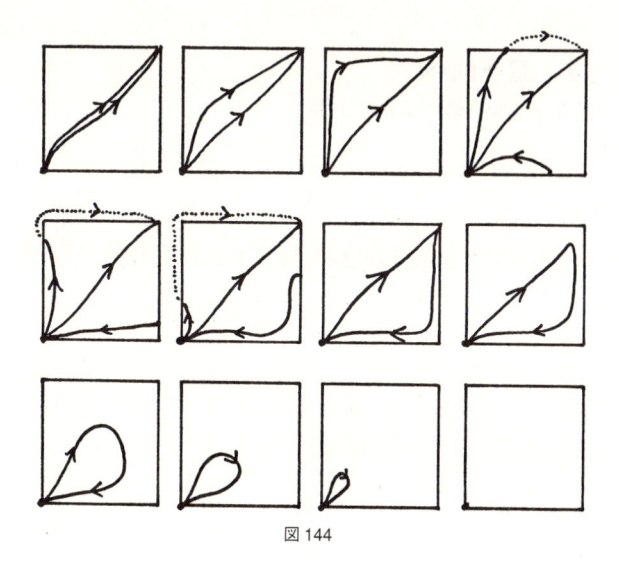

正方形の直径の両端を同一視していることを思い出せ.192 ページの図 84).

$r^2 = I$ ということは,図 143 の道は 1 点に縮められないが,これを 2 回まわった道は 1 点に縮められることを示す.

このことを幾何学的に考えると,図 144 のような具合になる.道のコピーをもう 1 つ描き,左に引っぱって,左上の角を越えさせる.直径の両端点を同一視しているから,それは右下の角に,反対の向きを持ってあらわれる.そこで,それを基点にまで縮めることができる.

14 超空間へ
高次元空間,特に4次元空間

　数学における概念の拡張は,はじめはそれ自身だけの目的で始まるが,のちになると,数学全体に関連するようになる.

　第4章 (85ページ) で,ユークリッド平面は2つの実数のすべての組全体の集合とみなせるので,R^2 と書けることを説明した.同様に,3次元空間 (3-空間) は実数のすべての3組 (x,y,z) 全体の集合 R^3 だ.もちろん,直線 R は1次元空間 (1-空間) だ.

　1-空間 = R = (すべての実数 x の集合)
　2-空間 = R^2 = (実数のすべての対 (x,y) の集合)
　3-空間 = R^3
　　　　 = (実数のすべての3組 (x,y,z) の集合)

現実世界はここまでだが,数学的にはここでストップする理由はない.いくらでも続けられる.

　4-空間 = R^4
　　　　 = (実数のすべての4組 (x,y,z,u) の集合)
　5-空間 = R^5
　　　　 = (実数のすべての5組 (x,y,z,u,v) の集合)

一般に

n-空間 $= \boldsymbol{R}^n$
　　　　$=$ (実数のすべての n 組 $(x_1, \cdots, x_n)$ の集合)
を考えよう．考えるのは勝手だが，意味はあるだろうか．

まず，これらの空間は点のただの集合ではなくて，「距離」の構造を持つ．2 点間の距離を d とすると，ピタゴラスの定理によって，

1-空間では
$$d^2 = (x_1 - y_1)^2$$

2-空間では
$$d^2 = (x_1 - y_1)^2 + (x_2 - y_2)^2 \qquad (*)$$

3-空間では
$$d^2 = (x_1 - y_1)^2 + (x_2 - y_2)^2 + (x_3 - y_3)^2$$

そこで，4-空間では
$$d^2 = (x_1 - y_1)^2 + (x_2 - y_2)^2 + (x_3 - y_3)^2 + (x_4 - y_4)^2$$
と定義するのが当然だろう．d は 2 点 (x_1, x_2, x_3, x_4), (y_1, y_2, y_3, y_4) の間の距離だ．n-空間でも，類似の定義をする．

この公式が正しいかどうかは，問題とはならない．4 次元空間については何も知らないのだから，この公式の真偽はチェックのしようがない．いまちょうど抽象数学の入口にいるわけで，どんな公式を持ってきても勝手だ．しかし，意味ある仕事ができるような公式でなければ仕方がない．

普通の距離は，次の性質を持たなければならない．

(1) 異なる 2 点間の距離は正の数．
(2) 2 点間の距離は，どちらから測っても同じ．

(3) AとBの距離は，AとCの距離とCとBの距離との和よりも大きくはない．

条件(3)は，3角形の1辺は他の2辺の和よりも大きくはないこと，したがって2点を結ぶ線分が最短距離であることを主張している．

前ページで定義した一連の公式は，その正の平方根を d とすれば条件(1)は満足している．

また $(x-y)^2 = (y-x)^2$ に注意すれば，条件(2)も成り立つ．

条件(3)は，代数で重要な不等式（コーシー‐シュバルツの不等式）をあらわす．特に，$n=2$ の場合は，図145を見れば，
$$\sqrt{a^2+b^2} + \sqrt{c^2+d^2} \geqq \sqrt{(a+c)^2+(b+d)^2}$$
という不等式になる．両辺とも正だから，平方すると
$$a^2+b^2+c^2+d^2+2\sqrt{(a^2+b^2)(c^2+d^2)}$$
$$\geqq (a+c)^2+(b+d)^2$$

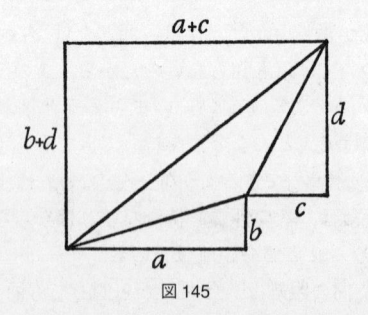

図145

整頓して
$$2\sqrt{(a^2+b^2)(c^2+d^2)} \geqq 2(ac+bd)$$
両辺とも正だから,平方して
$$(a^2+b^2)(c^2+d^2) \geqq (ac+bd)^2$$
つまり
$$(a^2+b^2)(c^2+d^2)-(ac+bd)^2 \geqq 0$$
$$(ad-bc)^2 \geqq 0.$$
これは正しいから,逆にさかのぼっていって,条件(3)は正しい.

n 次元の場合も,計算はちょっとめんどうだが,同じようにできて,これから代数学の重要な不等式が導ける.

このようにして,距離 d を 249 ページの(*)で定義したのは意味があることがわかった. 19 世紀の数学者は, 3 次元までの空間の性質を研究しつくしたあと, 4 次元空間に手をつけ始めた. そして, 3 次元空間以上に,実に豊かで美しい概念や定理がたくさんあることを発見したのだ.

多面体

3 次元空間では,正多面体は,正 4 面体,正 6 面体(立方体),正 8 面体,正 12 面体,正 20 面体の 5 種類しかない. 4-空間でこれらに対応する図形は「正多胞体」という. 正多面体の面が正多角形であるように,正多胞体の「面」は正多面体で,この「面」の配列はどの頂点でも同じようになっている. 2 次元の本当の面との混乱をさけるために, 3 次元の「面」を「体」とよぶことにする.

シュレーフリは，4次元空間では，次にあげるちょうど6種の正多胞体が存在することを示した〔注14.1〕（これらの数の間のパターンについては262ページで説明する）．

名　前	体	面	辺	頂点	体の型
正　単　体	5	10	10	5	正4面体
超 立 方 体	8	24	32	16	立　方　体
16-胞　体	16	32	24	8	正4面体
24-胞　体	24	96	96	24	正8面体
120-胞　体	120	720	1200	600	正12面体
600-胞　体	600	1200	720	120	正4面体

ところが5次元以上の空間では，3種の正多胞体しか存在せず，これらはそれぞれ正4面体，立方体，正8面体とある意味でよく似ている．

つまり，2-, 3-, 4-, 5-, … 空間の正多胞体の個数は，それぞれ $\infty, 5, 6, 3, 3, \cdots$ となる．

正多胞体の図は紙の上には描けない．3次元の図形でさえ，本当は，紙の上には描けないのだ．ただ人の目の解剖学的な遠近感構造の助けを借りて，透視図のような方法で紙の上に描いている．4次元の図形も，工夫すれば描ける．しかし，技術者の描いた図面が普通の人には読めないのと同じように，この図からもとの図形を読み取るのはむずかしい．

4次元図形の図

4次元図形を表現する1つの方法は，投影を使う．画家が3次元立体をカンバスの上に描くようなものだ．立体は図146のように，平面に無理に押し込められる．

同じような方法で，4次元図形を3次元空間の中に投影することができる．ただし，それを紙上に印刷するには，この3次元投影をさらに2次元平面に投影するという手数がかかるが．

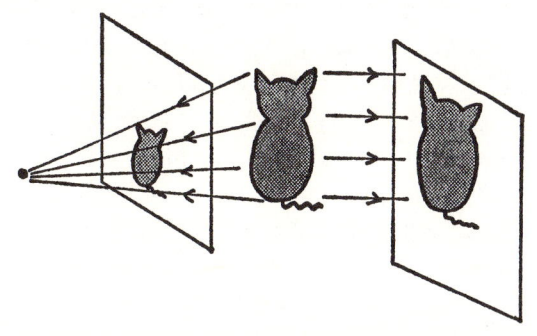

図146

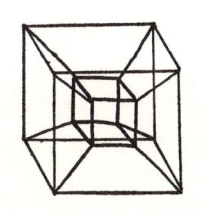

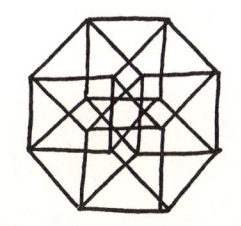

図147

4次元の「超立方体」の2通りの投影を，図147に示す（各自，構造を研究してみよ）．

この図を理解するためには，投影による形の歪みを考慮に入れなければいけない．図147の左図の中央の小さな立方体は，実は外側の他の立方体と同じ大きさだ．しかし，超立方体は8個の立方体からできていることは，図からわかると思う．すなわち，外側の大きな立方体と，中央の小さな立方体，それにピラミッドの頭を切りとったような形の歪んだ6個の立方体と合わせると，全部で8個だ．どの立方体も6個の他の立方体と面でくっついており，各頂点のまわりには4個の立方体がある．

4次元図形をスクリーンに投影して見せるようなコンピュータ・プログラムもできている．図形を回転させて投影方向を勝手にとることもできる．これを経験すると，4次元図形を回転させると投影がどのように変わっていくか，を予測できるようになる．つまり4次元図形を想像できるようになるそうだ．高次元空間を研究するトポロジストも，このような能力を身につけるとよい．

4次元図形を表現するためのもう1つの方法がある．この方が見やすいかもしれない．それは断面図を描く方法である．

立体をたくさんの平行な水平面で切って，断面図を同じ平面上に描く（図148）．それを見ると，山や谷の起伏が目にうかぶ．

この断面図（等高線）の形にボール紙を切り抜いて，正

図 148

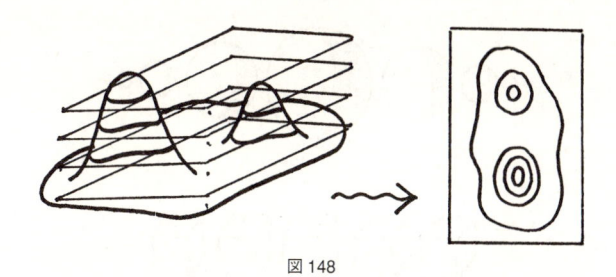

しい高さに次々と積み重ねていけば、もとの3次元立体を再生できる。

2次元空間の生物もこれらの断面図を使って3次元立体を想像できるだろう。1次元生物も同じ方法で平面図形の概念を持てるにちがいない。

いずれにしても、切断すると次元が1つだけ下がる。だから、4次元図形の切断は3次元図形になる。

3次元空間での切断を代数的に定式化することによって、$R^4, R^5, \cdots$ の図形の切断の意味を、正確に定義できる。この断面図がどうなるかを類推で推測してから、代数を使って、それを正確にチェックする。しかしここでは、代数的な面には触れない。

球の断面図は円の列で、1点からだんだん大きな円となり、最大の円を通ってからまた1点に縮んでいく1列の円となる。だから4次元の超球の断面は、1点からだんだん大きくなり、最大の球を通ってまた1点に戻る1列の球となるはずだ（図149）。

図149

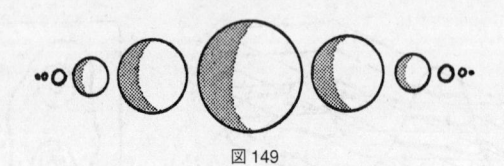

図150

　また，立方体のある方向の断面図は正方形だから，超立方体の断面図は立方体のはずだ（図150）.

断面を積み重ねる

　そこで3次元空間の生物であるわれわれの問題は，4次元図形の断面である3次元図形を，頭の中で，積み重ねる方法だ．ここでも，平面上の仮想的な生物からの類推が助けとなる．この生物は，2次元断面をどのような方法で積み重ねるか．

　それには，断面の平面を時間と共に同じ速さで平行に動かしていくのを想像するとよい．各時刻 t で，断面は2次元図形だ．時々刻々の断面図の動きを1コマずつとって映画に作ってみれば，2次元の生物にも，2次元図形の積み重ねを思い浮かべられる．たとえば，1点からだんだんと生成して行きまた1点に戻る円の列を見れば，球面が想像できるだろう．

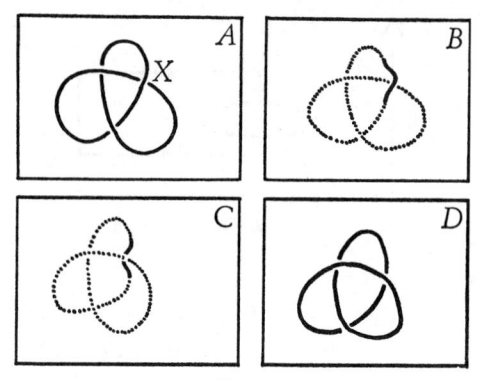

図 151

　同じ方法で,3次元の映画を作れば,4次元図形の3次元断面の積み重ねができる.超球は,大きくなったり小さくなったりするシャボン玉のように見える.また超立方体は,1つの立方体が突然あらわれ,ずっと同じ形で続いていき,最後に突然に消えるような立方体の列のように見える.もしも,突然あらわれた球面が,同じ形で続いていき,また突然に消えるのを見れば,きっと3次元断面が球面である超円柱を見ていることがわかると思う.そこで,次のような映写機を持ったタイムマシンを想像しよう.

　4次元空間の1つの軸を時間とし,この映写機のペダルを足で調節して,時間軸をたどっていく.この時々刻々の3次元断面を,前のスクリーンに写し出させる.

　このタイムマシンを使って,まず結び糸を4次元空間内で（端を切らずに）ほどいてみよう.$t=0$では,これ

図 152

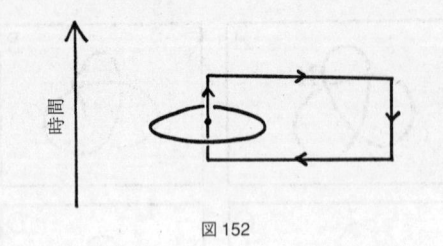

は図 151 の A のように見える．

X のところをしっかり押さえてペダルをゆるめて時間を進行させると，押さえていない部分（B の点線）はペダルをゆるめる前の時間空間の中にある．そこで X の位置をずらして C のように交わりの下側にくるようにする．最後にペダルを調節して出発の状態に戻してやれば，D のようになり，結び目はほどけている．

図 81 のクラインのつぼをほどくことも，同様にできる．

また，球面と円とを連結して，4 次元のトーラスを作ることもできる．まず類推として，3 次元空間の 2 つの円を連結しよう．これはもちろんトーラスになる．

図 152 のように時間軸をとる．1 つの円は図のような長方形状にする．左の円は，まず時間軸に沿って進み，横に行き，時間を逆転させて下にさがり，横に進んでもとに戻る．4 次元空間内で球面と円とを連結するのも，同じように考えればよい．

3 次元空間内の円を結び糸にするのと同じように，球を4 次元空間で結ぶこともできる．トポロジストは，m 次

元球を n 次元空間内で結べるかどうかを一生懸命研究している．いまのところ，10 次元球を 17 次元空間で結ぶところから先は未解決だ．

24 次元空間内の航海

小さな角で振れている振子を考える．時刻 t における位置を p，速度を q とする．時間の単位を適当にとって p と

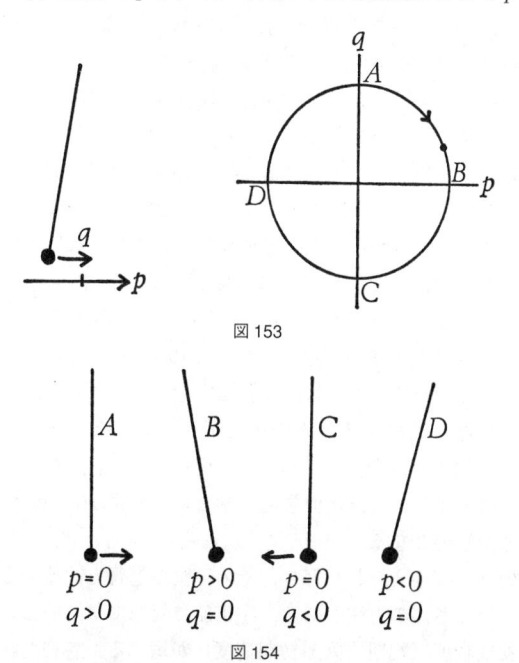

図 153

図 154

q のグラフを描くと円になることがわかる。振子が振れるにつれて，点 (p, q) は，この円の上を一様な速さで回る（図153）。

A では，$p=0, q>0$，B では $q=0, p>0$，C では $p=0, q<0$，D では $q=0, p<0$ で，これは実際の振子の運動とよく合っている（図154）。

p と q のグラフを「相図」といい，(p, q) 平面を「相空間」という。いまの場合，振子の状態は位置と速度の2つの数で定まるから，相空間は2次元だ。

どんな力学系にも，位置変数と速度変数による相空間を対応させることができる。

万有引力によって運動する太陽と地球と月は，1つの力学系だ。3次元空間では，位置と速度を定めるのに3つずつの変数がいるから，太陽と地球と月のそれぞれに，位置変数が3つ，速度変数が3つある。そこで，相空間は18次元となる。全システムの状態はこの相空間内の1点であらわされ，時間の経過につれてこの点はある道を進む。この道で全システムの状態変化は完全に記述される。

宇宙船がこのシステムの中を飛んでいくと，あと6次元が追加され，全部で24次元の幾何学の問題となる。これを研究するには，幾何学的力学というむずかしい数学的方法が必要となる。

力学系が与えられたとき，その運動の進行を記述するには，たくさんの方法がある。宇宙船に対しては，いろいろな初期状態（初期位置と初期速度）が選べる。各初期状態

図 155

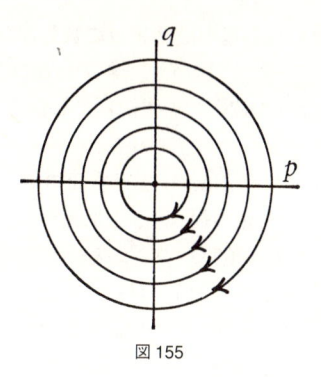

に相空間内の1点が対応し，時間につれてシステムが変化すると，この点は相空間内で，1つの初期条件毎に1つの曲線を描き，全体として，ある曲線群が得られる．相空間内に流体が詰まっているとすると，この流体が道に沿って流れていくと考えてもよい．振子の場合は，流線は同心円となる．中心は安定点で，振子が垂直に静止している状態に対応する（図155）．

ニュートンのエネルギー保存の法則から，この仮想的な流体が圧縮不可能な理想流体と全く同じように行動することが，導かれるので，力学系の一般理論に流体力学の方法が応用できる．多次元の幾何学が発展していなければ，このような研究は決してできなかっただろう．

拡張されたオイラーの公式

205ページで説明したように，オイラーの公式は，平面

上の地図の面の数と辺の数と頂点の数の間の関係を与えるものだった．また，この公式を他の曲面の上にも拡張した．次に，高次元空間への拡張ができるかどうかを研究しよう．

n 次元空間内の地図は，n 次元空間の領域，$(n-1)$ 次元の面，$(n-2)$ 次元の面，…，1次元の面（つまり辺），0次元の面（つまり頂点）から成る．4-空間の多胞体だと，F_0 は頂点の数，F_1 は辺の数，F_2 は面の数，F_3 は体の数，F_4 は4次元領域の数（つまり1）だ．

2次元の場合の公式は
$$V - E + F = 1$$
だから，これは
$$F_0 - F_1 + F_2 = 1$$
と書ける．

消去の方法によるこの公式の証明（206ページ）を思い出してみれば，4-空間の中では
$$F_0 - F_1 + F_2 - F_3 + F_4$$
という式が考えられる．正多胞体について調べてみよう．$F_4 = 1$ だから，252ページの表を使うと，上の式の値はそれぞれ

$$5 - 10 + 10 - 5 + 1 = 1$$
$$16 - 32 + 24 - 8 + 1 = 1$$
$$8 - 24 + 32 - 16 + 1 = 1$$
$$24 - 96 + 96 - 24 + 1 = 1$$
$$600 - 1200 + 720 - 120 + 1 = 1$$

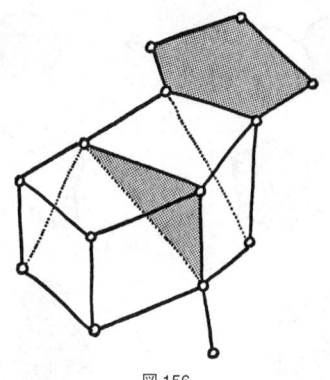

図 156

$$120-720+1200-600+1 = 1$$

これは,とても偶然とは思われない.

3次元の地図では,類似の式は

$$F_0-F_1+F_2-F_3$$

だ.図 156 のような,あまり規則正しくない立体について,この式を計算してみると,

$$14-22+11-2 = 1.$$

このようにして,n 次元空間の地図については,

$$F_0-F_1+F_2-\cdots+(-1)^n F_n = 1 \qquad (*)$$

が成り立つことが,期待できる.

この証明は,それほどむずかしくはない.やはり消去の方法が使える.頂点と辺,あるいは辺と面,あるいは面と体,…,一般に m-面と $(m+1)$-面とを同時に消去する(図 157).

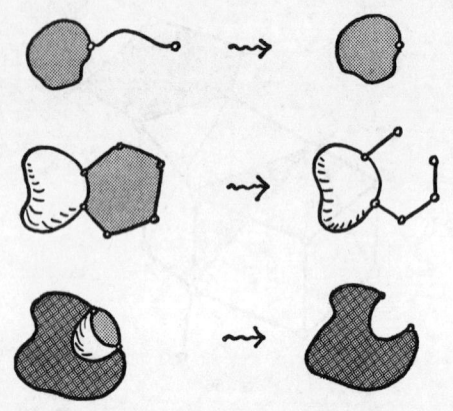

図157

　このような消去をしても，公式(∗)の左辺は変わらない．そして，ついに1点まで消去すると，その値は1となる（厳密には，消去はある正しい順序で行わねばならない．ここでは，考え方の筋道だけを述べた）．

　公式(∗)は，最初にポアンカレが証明したので，「オイラー‐ポアンカレの公式」という．

ふたたび代数的トポロジー

　第13章で説明したホモトピーや基本群のアイデアは，高次元空間へも拡張できる．線分をつないだ道の代わりに，n次元の超立方体の列を使い，端点と端点を線分で結ぶ代わりに，図158のように面と面をつなげる．群を得るためには，その境界が1点につぶれているような超立

図 158

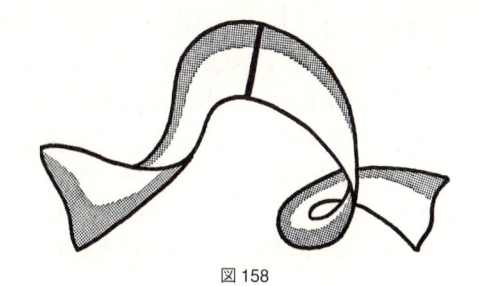

方体に注目する.

　ホモトピーの概念も拡張でき, n 次元の道のホモトピー類を元とする群が作れる. これを, 空間 S の「n 次ホモトピー群」$\pi_n(S)$ という. 前に説明した基本群 $\pi(S)$ は $\pi_1(S)$ で, 一連の代数的不変量の最初のものだ.

　高次のホモトピー群を調べると, π_1 ではとらえられなかった位相空間の特徴がわかる. 球から球状の穴を取り除くと, オレンジの皮を厚くしたような空間 S が得られる. そこで, $\pi_1(S)$ はトリビアルな群だ. 任意のループは穴の上を滑って, 1 点に縮まる. しかしこの穴のまわりに (ちょうど穴のまわりに紙の袋をかぶせるように) 正方形をおけば, この正方形は S の内部の 1 点には縮まない. そこで $\pi_2(S)$ はトリビアルではなく, π_1 でとらえられなかった穴が発見される.

　すべてのホモトピー群 $\pi_1(S), \pi_2(S), \pi_3(S), \cdots$ がわかれば, 位相同型を別にして, S がどんな空間であるかがわかると思うかもしれない. 残念ながら, この推測は正しく

はない．しかしポアンカレは，特別な場合にはこれが正しいと予想した（ポアンカレ予想）．すなわち S が n-球と同じホモトピー群を持っていれば，S は n-球だ．$n=2$ のときは，この主張は本質的には第12章の命題B（226ページ）と同じ．また，$n \geqq 5$ のときは真であることはスメールが証明した．しかし $n=3,4$ の場合については長い間証明されていなかったが，$n=4$ の場合をフリードマンが，$n=3$ の場合をペレリマンが証明した．

このようなわけで，高次元の位相幾何学は低次元の位相幾何学よりもやさしい．これは全く不思議なことだ．実際，4次元が最悪の次元だという，トポロジストの間の言い伝えがある．そして，なぜ4次元が特別な状態を示すのかというミステリーも，まだ解決されていない．

15 線形代数
連立 1 次方程式のむずかしさ，行列とは

問　題

中学校で
$$\begin{cases} x+2y = 6 \\ 3x- y = 4 \end{cases} \quad (1)$$
のような連立方程式の解き方を学んだ．前の式に 3 をかけると
$$3x+6y = 18$$
これから，あとの式を引くと
$$7y = 14$$
$$y = 2$$
これを，前の式に代入すると
$$x+4 = 6$$
$$x = 2$$

もしも
$$\begin{cases} x+2y = 6 \\ 3x+6y = 4 \end{cases} \quad (2)$$
ならばどうか．前の式に 3 を掛けると
$$3x+6y = 18$$
あとの式を引くと

$$0y = 14$$

これを y について解こうとしてもだめだ.

また,
$$\begin{cases} x+2y = 6 \\ 3x+6y = 18 \end{cases} \tag{3}$$

について同じような手順をふむと
$$0x+0y = 0$$

となって, これも失敗だ.

中学校の数学の教科書では, こんなことが起こらぬように, 問題がうまく作ってある.

(2)や(3)のような方程式があらわれたら, こんなのは馬鹿馬鹿しいといって, 無視することもできる. しかし, 変なことが起こったとき, いつもそのように無視してもよいものだろうか.

方程式(2)では, 2つの式はたがいに矛盾するから解がない. 方程式(3)では, あとの式は実は前の式と同じものだから, 未知数は2つなのに, 式は1つしかない. だから, (3)には解がないのではなく, ありすぎる. たとえば,

$$\left.\begin{matrix} x=2 \\ y=2 \end{matrix}\right\} \left.\begin{matrix} x=4 \\ y=1 \end{matrix}\right\} \left.\begin{matrix} x=6 \\ y=0 \end{matrix}\right\} \left.\begin{matrix} x=\dfrac{1}{2} \\ y=\dfrac{11}{4} \end{matrix}\right\} \cdots$$

しかし, x と y は全く勝手というわけではない. たとえば, $x=1, y=1$ は解ではない. 解の全体は, 次のように

して求められる.

$x=a$ とおくと $y=\dfrac{6-a}{2}$ となり,この組だけが解となる.

このようなわけで,連立方程式には

$$\begin{cases} \text{ただ1組の解がある} \\ \text{解がない} \\ \text{無数の解がある} \end{cases}$$

の,3通りの場合が起こる.これで,すべての場合が尽くされている.2組,3組,4組の解がある方程式は作れない(このことはここでは証明しないが,以下の説明を読めば明らかとなる).

変数の個数が多くても,同じような現象が起こる.

$$\begin{cases} x+4y-2z+3t = 9 & (4) \\ 2x- y- z- t = 4 & (5) \\ 5x+7y+ z-2t = 7 & (6) \\ 3x-2y-8z+5t = 21 & (7) \end{cases}$$

についてはどうか.見てすぐにはわからないかもしれないが,(4)を2倍し,(5)の3倍に加え,(6)を引くと

$$3x-2y-8z+5t = 23$$

となり,(7)と矛盾する.だから,解はない.

もしも(7)の右辺の21を23としてみると,4つの未知数に対して式は3つしかないことになるから,無限に多くの解が存在する.

方程式の数より未知数の方が多いときはいつも解があるかというと,そうでもない.

$$\begin{cases} x+y+z+t=1 \\ 2x+2y+2z+2t=0 \end{cases}$$

には解がない．

だから，「連立方程式などやさしい」といって馬鹿にしてはいけない．実にわがままで，予測がつかないものだ．現実に出会う連立方程式がすべてただ1組の解を持つのなら心配はいらないが，残念ながら，そうではない．

しかしながら，連立方程式にはあるパターンがあるので，それによって多くの問題が解ける．

幾何学的な見方

グラフをプロットしてみると，(1),(2),(3)のちがいがある程度わかる．方程式(1)では，それぞれは図159のような直線に対応し，その交点がただ1組の解となる．

方程式(2)では，2本の直線は平行となり，交わらない（図160）．方程式(3)では，2直線は一致し，その上のすべての点が解となる（図161）．

2直線の位置関係は，この3通りしかないので，これで，連立方程式の解の状態のすべての場合が尽くされた．

方程式を幾何学的にあらわすには，もう1つの方法があり，これはもっと一般の問題の研究に役立つ．

$$\begin{cases} x+2y=X \\ 3x-y=Y \end{cases}$$

とおき，座標 (x,y) の点の集合と，座標 (X,Y) の点の集合を考えて，別々の方眼紙にプロットしてみよう．

15 線形代数

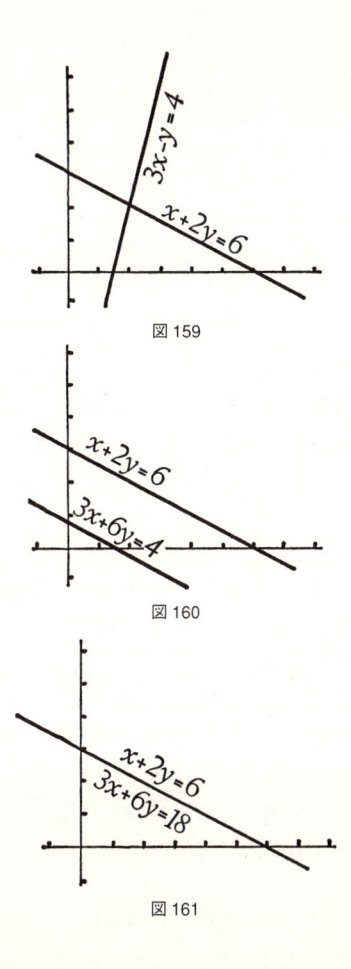

図 159

図 160

図 161

(x,y)	(X,Y)
$(0,0)$	$(0,0)$
$(0,1)$	$(2,-1)$
$(0,2)$	$(4,-2)$
$(1,0)$	$(1,3)$
$(1,1)$	$(3,2)$
$(1,2)$	$(5,1)$
$(2,0)$	$(2,6)$
$(2,1)$	$(4,5)$
$(2,2)$	$(6,4)$

いくつか計算してみると,上の表のようになる.

これをプロットしてみると,(x,y) を (X,Y) に移す変換は,(x,y) 平面上の正方形を,(X,Y) 平面上の平行4辺形に移すことがわかる.

最初の方程式(1)は,上の表の最後の

$$x=2, \quad y=2 \text{ のとき } X=6, \quad Y=4$$

で,これが解となる.これは新しい見方だが,もっといろいろのことがわかる.

(X,Y) 平面上の任意の点 (α,β) をとる.上の変換は,(x,y) 平面をちょっと歪めて回転させて (X,Y) 平面に移すのだから,(α,β) に移るような (x,y) 平面上の点が1つある.(α,β) を含む平行4辺形の原像は正方形で,その中のある点が (α,β) に移るだろう.

たとえば,

$$(\alpha,\beta) = (4.5, 3)$$

図 162

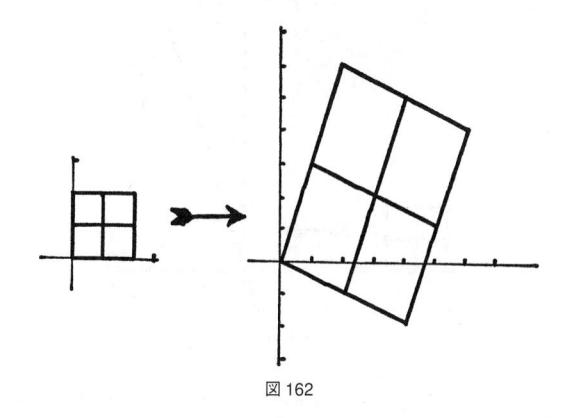

は図 162 の右上の平行 4 辺形の中心だが，その原像も，右上の正方形の中心 $(1.5, 1.5)$ だ．そこで

$$\begin{cases} x+2y = 4.5 \\ 3x - y = 3 \end{cases}$$

のただ 1 組の解は，$x=1.5, y=1.5$ となる．

また，解がただ 1 通りということも明らかだ．どうしてかというと，正方形を平行 4 辺形に移すとき，折りたたみなどはしないのだから，(x,y) 平面のちがった 2 つの点が，(X,Y) 平面上の同じ点に移るはずがない．

方程式 (2) についてはどうだろうか．

$$\begin{cases} x+2y = X \\ 3x+6y = Y \end{cases}$$

についてプロットしてみると，(X,Y) の集合は 1 直線，すなわち $Y = 3X$ の上だけに集まってしまう（図 163）．

図 163

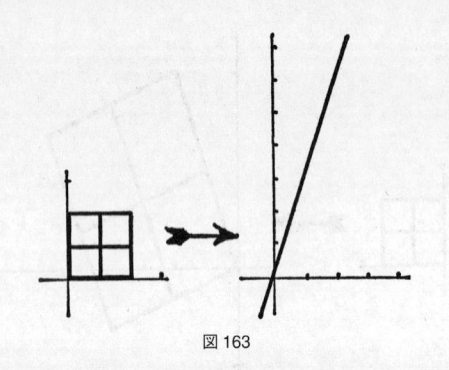

　この変換は，全 (x,y) 平面を 1 つの直線の上に押し込んでしまう．方程式(2)では，
$$X = 6, \quad Y = 4$$
だが，この点はこの直線上にないから，解はない．

　他方，方程式(3)では
$$X = 6, \quad Y = 18$$
を解きたいのだが，この点はこの直線上にある．そして (x,y) 平面上の無限に多くの点が，点 $(6,18)$ の上に押し込まれる．

　さらに，(x,y) 平面上のこのような点の全体は，
$$x + 2y = 6$$
という直線になることもわかる．

　このようにして，連立方程式の解のいろいろな現象は，変換
$$T(x,y) = (X,Y) = (x+2y, 3x-y)$$

や
$$S(x,y) = (X,Y) = (x+2y, 3x+6y)$$
の幾何学的性質によって決まる．そこで，一般の方程式
$$\begin{cases} ax+by = X \\ cx+dy = Y \end{cases}$$
を研究するには，変換
$$U(x,y) = (ax+by, cx+dy)$$
を調べねばならない．

3変数の連立方程式
$$\begin{cases} ax+by+cz = X \\ dx+ey+fz = Y \\ gx+hy+kz = Z \end{cases} \tag{8}$$
に対しては，変換
$$V(x,y,z) = (ax+by+cz, dx+ey+fz, gx+hy+kz)$$
が必要となる．

これらは「線形変換」とよばれ，線形代数の中の主役を演じる．

パターンのヒント

前ページの変換 T を使って，方程式(1)を集合論的に再構成してみると，「点 $(6,4)$ は T の値域に入っているか」ときいていることになる．値域の意味から
$$(6,4) = T(x,y) = (x+2y, 3x-y)$$
のような x, y が存在するとき，そのときだけ，点 $(6,4)$ は，T の値域に入っている．これは，方程式(1)を解くの

と同じだ.

他の2つの方程式についても同じことで, (6, 4) や (6, 18) が変換 S の値域に入っているかどうかを問うことになる.

T は正方形を平行4辺形に移すのだから, T の値域が全平面になることは幾何学的に明らかだ. S の値域が1直線になることは, すでに見た. そこで, 一般の連立方程式の研究をしようと思うならば, 線形変換の値域を研究しなければならない. 前の例では, それは全平面と1直線であった. これ以外の場合はないだろうか.

それはある. トリビアルな連立方程式
$$\begin{cases} 0x+0y = X \\ 0x+0y = Y \end{cases}$$
に対応する線形変換は
$$F(0,0) = (0,0)$$
だから, F の値域は1点 $\{(0,0)\}$ だけだ. $\{\ \}$ をつけるのはわざとらしく思われるだろうが, 集合をあらわしている.

これで, 2変数の連立1次方程式のすべての場合がつくされた. 値域は平面 (もちろん $\boldsymbol{R}^2$ 全体) か直線か1点だ.

値域が平面のときは, 解はいつも1組存在する. 値域が直線の場合には, 解は存在する場合とない場合がある. (X, Y) がこの直線上にあるときだけ解は存在し, そのときの解の全体は1直線をなす. 値域が1点のときは,

$(X, Y) = (0, 0)$ のときだけ解があり，それは全平面すなわち $\boldsymbol{R}^2$ となる．

解が存在するとき，その集合を「解空間」とよぶ．そうすると，次のような関係が成り立つ．

値　域	解空間
平　面	点
直　線	直　線
点	平　面

3 変数の場合には，値域と解空間としては点，直線，平面，空間（$\boldsymbol{R}^3$ 全体）が考えられ，次の関係が成り立つことがわかる．

値　域	解空間
空　間	点
平　面	直　線
直　線	平　面
点	空　間

つまり，値域が狭くなるほど，解空間は広くなるが，解が存在するチャンスは少なくなる．

n 変数の場合にも同様のことが成り立つ．空間 $\boldsymbol{R}^n$ で考えて，

$$(値域の次元) + (解空間の次元) = n$$

が成り立つことがわかっている．たとえば，$\boldsymbol{R}^7$ の線形変換の値域の次元が 3 ならば，解空間は 4 次元だ．

もちろん，まだ「次元」というものを定義していない．実際，次元は線形代数の出発点だが，くわしいことは教科書を見てもらいたい〔注15.1〕．しかし，これによって連立方程式の気ままに見える行動のパターンが，かなり明らかになったと思う．

行　列

線形変換には，ケーレーが考えた便利な記号がある．
$$T(x,y) = (X,Y) \quad が \quad \begin{cases} ax+by = X \\ cx+dy = Y \end{cases} \tag{9}$$
のとき，係数だけを抜き出して，そのままの形でならべる．
$$\begin{pmatrix} a & b \\ c & d \end{pmatrix}$$

このような表現を（変換 T の）「行列」とよぶ．行列がわかれば変換がわかる．さらに，「列ベクトル」
$$\begin{pmatrix} x \\ y \end{pmatrix}, \quad \begin{pmatrix} X \\ Y \end{pmatrix}$$
を導入して，(9) を
$$\begin{pmatrix} a & b \\ c & d \end{pmatrix} \begin{pmatrix} x \\ y \end{pmatrix} = \begin{pmatrix} X \\ Y \end{pmatrix}. \tag{10}$$
と書く．そして，左辺の積を
$$\begin{pmatrix} ax+by \\ cx+dy \end{pmatrix}$$
と定義し，2つの列ベクトルは成分毎に等しいとき，そのときだけ等しいとする．

この記号は，3変数の場合にも使えて，275ページの(8)は

$$\begin{pmatrix} a & b & c \\ d & e & f \\ g & h & k \end{pmatrix} \begin{pmatrix} x \\ y \\ z \end{pmatrix} = \begin{pmatrix} X \\ Y \\ Z \end{pmatrix}$$

となる．

いくつかの変換を引き続いて行うことがある．$S(X,Y) = (U,V)$ を

$$\begin{cases} AX + BY = U \\ CX + DY = V \end{cases} \tag{11}$$

とすると，これは

$$\begin{pmatrix} A & B \\ C & D \end{pmatrix} \begin{pmatrix} X \\ Y \end{pmatrix} = \begin{pmatrix} U \\ V \end{pmatrix} \tag{12}$$

と書ける．すでに96ページで，変換の積を

$$ST(x,y) = S(X,Y) = (U,V)$$

と定義した．そうすると，ST も行列で書けるはずだ．(11)と(9)から，

$$\begin{aligned} U &= AX + BY \\ &= A(ax+by) + B(cx+dy) \\ &= (Aa+Bc)x + (Ab+Bd)y \\ V &= CX + DY \\ &= C(ax+by) + D(cx+dy) \\ &= (Ca+Dc)x + (Cb+Dd)y \end{aligned}$$

この係数をそのままひろい出して

$$\begin{pmatrix} Aa+Bc & Ab+Bd \\ Ca+Dc & Cb+Dd \end{pmatrix} \begin{pmatrix} x \\ y \end{pmatrix} = \begin{pmatrix} U \\ V \end{pmatrix}$$

そこで,変換 ST は

$$\begin{pmatrix} Aa+Bc & Ab+Bd \\ Ca+Dc & Cb+Dd \end{pmatrix}$$

となる.

他方,(10)を(12)に代入すれば,形式的に

$$\begin{pmatrix} A & B \\ C & D \end{pmatrix} \begin{pmatrix} a & b \\ c & d \end{pmatrix} \begin{pmatrix} x \\ y \end{pmatrix} = \begin{pmatrix} U \\ V \end{pmatrix}$$

となるから,そこで,行列の積を次のように定義すればよい.

$$\begin{pmatrix} A & B \\ C & D \end{pmatrix} \begin{pmatrix} a & b \\ c & d \end{pmatrix} = \begin{pmatrix} Aa+Bc & Ab+Bd \\ Ca+Dc & Cb+Dd \end{pmatrix}$$

たとえば,第2章(36ページ)で

$$G(x,y) = (x,-y), \quad H(x,y) = (y,-x)$$

をあつかった.そこで,$(X,Y) = H(x,y)$ とおくと

$$\begin{cases} X = 0x + 1y \\ Y = (-1)x + 0y \end{cases}$$

だから,H は

$$\begin{pmatrix} 0 & 1 \\ -1 & 0 \end{pmatrix}$$

次に $G(X,Y) = (U,V)$ とおくと

$$\begin{cases} U = 1X + 0Y \\ V = 0X + (-1)Y \end{cases}$$

そして,G の行列は

$$\begin{pmatrix} 1 & 0 \\ 0 & -1 \end{pmatrix}$$

前ページで説明した公式を使って,行列の積 GH を計算すると

$$\begin{pmatrix} 1 & 0 \\ 0 & -1 \end{pmatrix} \begin{pmatrix} 0 & 1 \\ -1 & 0 \end{pmatrix} = \begin{pmatrix} 0 & 1 \\ 1 & 0 \end{pmatrix}$$

そこで,$GH(x,y)=(U,V)$ は

$$\begin{cases} U = 0x + 1y \\ V = 1x + 0y \end{cases}$$

となり,確かに 36 ページの計算と合っている.

このようにして,ちょうどうまい代数が定義でき,これを使って線形変換の計算ができる.ここでは,これ以上くわしくは立ち入らないが,ソーヤーのたいへん良い本〔注 15.2〕があるので,それを読んでいただきたい.

しかし,3 角法に関連した使い方を,1 つ説明しておく.すでに第 2 章(34 ページ)で,角 θ だけ回転する変換の公式を説明した.それを行列の形で書くと

$$\begin{pmatrix} \cos\theta & -\sin\theta \\ \sin\theta & \cos\theta \end{pmatrix}$$

そこで,角 θ の回転と角 ϕ の回転の積は

$$\begin{pmatrix} \cos\phi & -\sin\phi \\ \sin\phi & \cos\phi \end{pmatrix} \begin{pmatrix} \cos\theta & -\sin\theta \\ \sin\theta & \cos\theta \end{pmatrix}$$

で,これを公式(∗)で計算すると

$$\begin{pmatrix} \cos\phi\cos\theta - \sin\phi\sin\theta & -\cos\phi\sin\theta - \sin\phi\cos\theta \\ \sin\phi\cos\theta + \cos\phi\sin\theta & -\sin\phi\sin\theta + \cos\phi\cos\theta \end{pmatrix}$$

これは，角 $(\phi+\theta)$ の回転だから
$$\begin{pmatrix} \cos(\phi+\theta) & -\sin(\phi+\theta) \\ \sin(\phi+\theta) & \cos(\phi+\theta) \end{pmatrix}$$
に等しいはずだ．2つの行列の各要素を比べてみると，
$$\cos(\phi+\theta) = \cos\phi\cos\theta - \sin\phi\sin\theta$$
$$\sin(\phi+\theta) = \sin\phi\cos\theta + \cos\phi\sin\theta$$
が得られ，これが3角関数の加法公式だ．

抽象化

現在，線形変換の研究は，座標から離れることによって抽象代数の一部分となっている．

$\boldsymbol{R}^2$ の2点 $(p,q),(r,s)$ の「和」を
$$(p,q)+(r,s) = (p+r, q+s)$$
と定義し，実数 a との「積」を
$$a(p,q) = (ap, aq)$$
と定義する．線形変換は，この2つの演算を使って特徴づけられる．すなわち，任意の実数 p,q,r,s,a に対して
$$T((p,q)+(r,s)) = T(p,q)+T(r,s)$$
$$T(a(p,q)) = aT(p,q)$$
が成り立つような関数 $T: \boldsymbol{R}^2 \longrightarrow \boldsymbol{R}^2$ が，ちょうどこれまで研究した線形変換となる（自分でチェックしてみるとよい）．

第1の式は，T が群論の意味で同型写像であることをあらわす．そこで，群論の研究が応用できる見込みができた．

R^2 における加法と数乗法について，さらに一般に $R^3, R^4, R^5, \cdots$ の加法と数乗法について成り立つ性質を研究することによって，数学者は，次のような定義をまとめた．

それぞれ加法，数乗法とよばれる2種類の演算を持つ集合 V を，「R の上のベクトル空間」とよぶ．

$u, v \in V, \alpha \in R$ のとき，上の2つの演算をそれぞれ

$$u+v, \quad \alpha u$$

と書く．もちろん $u+v \in V, \alpha u \in V$ だ．

加法と数乗法に対しては，次の公理を満足するものとする．

(1) V は加法について，0を単位元とする可換群である．

(2) すべての $\alpha \in R$ について $\alpha 0 = 0$．

(3) すべての $v \in V$ について $v 0 = 0$．

(4) すべての $v \in V$ について $1v = v$．

(5) すべての $\alpha, \beta \in R, v \in V$ について
$$(\alpha + \beta) v = \alpha v + \beta v.$$

(6) すべての $\alpha \in R, u, v \in V$ について $\alpha(u+v) = \alpha u + \alpha v$．

(7) すべての $\alpha, \beta \in R, v \in V$ について $(\alpha \beta) v = \alpha(\beta v)$．

ベクトル空間の例はたくさんある．$R, R^2, R^3, \cdots$ などはもちろんそうだが，変わったのもある．1不定元 x の多項式環 $R[x]$ はベクトル空間だ．$R[x, y], R[x, y, z]$ も同様．これらは無限次元だ．

ベクトル空間は，微分方程式の解の研究にも，群論の研究にも，また解析学の現代化の中にもあらわれる．

線形変換は次のように定義する．

V と W を任意のベクトル空間とするとき，すべての $u, v \in V, \alpha \in \mathbf{R}$ について
$$T(u+v) = T(u)+T(v)$$
$$T(\alpha u) = \alpha T(u)$$
が成り立つような写像
$$T : V \longrightarrow W$$
を「線形変換」という．

このような抽象的な定義によって，線形変換の定理はすべて導き出せる．座標が関係してこないから，証明はずっと簡単で，すっきりしている．

しかし，特殊な場合の計算を実行するには，行列の記法と計算が必要となる．

このようなわけで，線形代数を本当に理解するには，次の3つを統合して考えることが大切だ．

(1) 幾何学的な背景
(2) 抽象代数的なとらえ方
(3) 行列理論のテクニック

線形代数を学び始めた学生にとっては，これはなかなかむずかしいことなので，上の3つの中の1つだけを基礎とした教科書がある．しかし，このような偏向には問題がある．他の見方に立てば容易にわかることを，1つの見方に固執して苦労している学生が多い．

16 実解析学
級数の不思議，連続関数とは

　代数学，トポロジー，解析学は，現代数学の3つの柱だ（数学的論理学は，それらを結びつけるセメントだといえよう）．始めの2つは，もうかなりくわしく説明したので，これから，解析学の話をする〔注 16.1〕.

　ところが，ある程度深く数学（特に解析学）の議論をするには，たくさんの計算のテクニックがどうしても必要だ．数学の歴史が示すように，直観的で素朴なやり方で解析学に取り組むと，ぬきさしならぬ泥沼に入り込む心配がある．

　解析学は，無限級数，極限，微分，積分のような無限のプロセスを取りあつかう．無限というのは，ぼやっと遠くに霞んでいるので，あつかい方がむずかしい．

無限回の足し算

$$1 + \frac{1}{2} + \frac{1}{4} + \frac{1}{8} + \cdots \tag{1}$$

のような式を無限級数という．この「…」が本質的で，次々の項を限りなく加え続けることをあらわす．これは実行し終わることが不可能な計算を要求しているのだか

ら，この式は無意味だという懐疑論も成り立つ．有限の時間内に無限回の足し算をする生物やコンピュータなどあるだろうか．次のようなスイッチを考えてみよう．1秒後にオン，その $\frac{1}{2}$ 秒後にオフ，その $\frac{1}{4}$ 秒後にオン，その $\frac{1}{8}$ 秒後にオフ，…と続けていくとき，2秒後にはオンだろうか，オフだろうか．

こんな次第で，一見しただけでは，式(1)に何かの意味があるという保証はない．しかし18世紀の数学者たちは，そうは考えなかったのだ．

ともかく，もしも(1)に意味があるとすると，それは2という数を表すと考えるのがベストだ．どうしてかというと，

$$1+\frac{1}{2} = \frac{3}{2}$$

$$1+\frac{1}{2}+\frac{1}{4} = \frac{7}{4}$$

$$1+\frac{1}{2}+\frac{1}{4}+\frac{1}{8} = \frac{15}{8}$$

$$1+\frac{1}{2}+\frac{1}{4}+\frac{1}{8}+\cdots+\frac{1}{2^n} = \frac{2^{n+1}-1}{2^n}$$

$$= 2-\frac{1}{2^n} \quad (2)$$

そこで，途中までの和と2との誤差は $\frac{1}{2^n}$ で，n が大きくなると，2^n はいくらでも大きくなり，$\frac{1}{2^n}$ はいくらでも小さくなる．

18世紀の数学者は，次のように考えた．(2)で $n=\infty$ とおくと，左辺の項数は $\infty+1$ となるが，$\infty+1=\infty$ だから，これは(1)と同じになる．このとき，右辺は

$$2 - \frac{1}{2^\infty} = 2 - \frac{1}{\infty} = 2 - 0 = 2$$

これで，式(1)の和は2であることが証明できた．

このような推論には，いくつかの問題点がある．

(i) まず，式(1)には意味があると仮定していること．

(ii) 無限和について，有限和と同じような代数計算をしてよいと仮定していること．

(iii) 無限をあらわす記号 ∞ を，普通の数のように取りあつかったこと．

これらは，はたして正しいだろうか？

無限級数を不用意にあつかうと，とんでもないパラドックスが生じる．おもしろい例を1つあげよう．

$$S = 1-1+1-1+1-1+\cdots$$

とおく．まず

$$\begin{aligned}
S &= (1-1)+(1-1)+(1-1)+\cdots \\
&= 0+0+0+\cdots \\
&= 0
\end{aligned} \tag{3}$$

次に，括弧を入れかえると

$$\begin{aligned}
S &= 1-(1-1)-(1-1)-\cdots \\
&= 1-0-0-\cdots \\
&= 1
\end{aligned} \tag{4}$$

また，次のように考えると
$$S = 1-(1-1+1-1+\cdots)$$
$$= 1-S$$
そこで

$$2S = 1 \text{ で } S = \frac{1}{2} \tag{5}$$

このようにして，(3), (4), (5)から

$$S = 0 = 1 = \frac{1}{2}$$

となり，無から有が生じた．これから，神の存在を推論した人（ライプニッツ）もいた．これは，無限級数を無批判に処理すると，おかしな結論が得られるという一つの見本だ．

解析学の初期の時代には，これら3つの値はどれもが正しいらしく思え，どれを捨てたらよいかわからなかった．解析学が進歩するにつれて，無限プロセスそのものは無意味だが，それに合理的な意味を与えられることがわかり，それによって，無限操作に課すべき条件や制限も明確になった．通常の式をあつかう法則そのままは成り立たないが，救済策も考えられている．

極限とは

$$S = 1-1+1-1+1-1+\cdots$$

をもう一度とりあげる．

```
1 項目まで 1            = 1
2 項目まで 1−1          = 0
3 項目まで 1−1+1        = 1
4 項目まで 1−1+1−1      = 0
5 項目まで 1−1+1−1+1    = 1
```

これからわかるように，0 と 1 が代わりばんこにあらわれ，ある定まった値に落ち着かない．そこで，$S=1$ とすると 1 の誤差が生じ得るし，$S=0$ としても同様だ．$S=\dfrac{1}{2}$ とすると，生じ得る誤差は $\dfrac{1}{2}$ で，最小となる．

一般の，実数の無限級数

$$a_1+a_2+a_3+a_4+\cdots \tag{6}$$

でも，次々と近似的な和（部分和）

$$b_1 = a_1$$
$$b_2 = a_1+a_2$$
$$b_3 = a_1+a_2+a_3$$
$$b_4 = a_1+a_2+a_3+a_4$$
$$\cdots\cdots\cdots\cdots\cdots\cdots$$

を作る．n を非常に大きくしたとき，この $b_1, b_2, \cdots, b_n, \cdots$ がある定まった極限の値 a のきわめて近くに落ち着くならば，この級数(6)の極限値あるいは「和」は a であると定義する．では，「極限」はどういう意味だろうか．

一つの可能性は，n 回で計算を止めることによる「誤差」に注目することだ．極限が存在するなら，誤差項

$$a_{n+1}+a_{n+2}+a_{n+3}\cdots$$

は極めて小さくなるはずだ．ところが，この誤差項自体が

無限級数になってしまう．この考え方に見込みはなさそうだ．

だから，近似和の数列
$$b_1, b_2, b_3, b_4, \cdots$$
のほうに注目して，この数列の「極限」というものが何らかの意味をもつかどうかを調べるしかない．

無限級数(1)を例にとってもう少しくわしく説明しよう．この級数の極限値が2であることは予想されている．第 n 項までの近似和は

$$b_n = 2 - \frac{1}{2^n}$$

となることは，前に計算した．n を大きくすれば，この差 $b_n - 2$ の絶対値はいくらでも小さくできる．たとえば

$$|b_n - 2| \leqq \frac{1}{1000000}$$

つまり

$$-\frac{1}{1000000} \leqq b_n - 2 \leqq \frac{1}{1000000}$$

としたいと思ったら，

$$\frac{1}{2^{n-1}} \leqq \frac{1}{1000000}$$

つまり

$$n \geqq 21$$

とすればよい．また

$$|b_n - 2| \leq \frac{1}{1000000000000}$$

にしたいと思ったら,

$$n \geq 41$$

とすればよい.

これで,極限値の定義がわかりかけてきた.つまり,nを十分大きくとれば,差

$$|b_n - l|$$

をいくらでも望むだけ小さくできるとき,数列b_nの極限値はlだと定義しよう〔注16.2〕.

極限値がある数列は「収束する」といい,極限値がない数列は「発散する」という(極限値lは実数とする.今の段階では,∞は数とはみなさない).

もとの無限級数

$$a_1 + a_2 + a_3 + a_4 + \cdots \tag{6}$$

については,その近似和の数列

$$b_1, b_2, b_3, b_4, \cdots$$

の極限値lが存在するとき,(6)の「和」はlであるという.和が存在する無限級数は収束級数といい,和がない数列は発散級数という.

和という言葉は,収束する無限級数に対してだけ使うことに注意せよ(発散する級数にも,和に相当する数を割当てる理論もできている.それによると,287ページのSの和は$\frac{1}{2}$となる.しかしここでは,発散級数には,これ以上立ち入らない).

和がわかったので，次には代数的な計算法則を調べよう．普通の代数式と同じように，無限級数に勝手に括弧を入れたり，項を並べかえたりしてもよいだろうか．

実は，収束する級数についてさえも，勝手にこのようなことをしてはいけない．たとえば

$$K = 1 - \frac{1}{2} + \frac{1}{3} - \frac{1}{4} + \frac{1}{5} - \frac{1}{6} + \cdots$$

は収束して，和が $\log_{10} 2 \fallingdotseq 0.69$ であることはわかっているのだが，まず両辺を2倍して

$$2K = 2 - \frac{2}{2} + \frac{2}{3} - \frac{2}{4} + \frac{2}{5} - \frac{2}{6} + \frac{2}{7} - \frac{2}{8} + \cdots$$

$$= 2 - 1 + \frac{2}{3} - \frac{1}{2} + \frac{2}{5} - \frac{1}{3} + \frac{2}{7} - \frac{1}{4} + \cdots$$

順序を並べかえて

$$= (2-1) - \frac{1}{2} + \left(\frac{2}{3} - \frac{1}{3}\right) - \frac{1}{4} + \left(\frac{2}{5} - \frac{1}{5}\right) - \cdots$$

$$= 1 - \frac{1}{2} + \frac{1}{3} - \frac{1}{4} + \frac{1}{5} - \cdots$$

$$= K$$

そこで，$K \geqq 0$ とすると

$$2K = K, \quad 1.38 = 0.69$$

というおかしな結果が得られる〔注16.3〕．

完全性の公理

291ページで説明した収束の定義には，実用上には具合

のわるい点がある.それは,収束の証明の前に,極限値 l の値を推測しておく必要があるという点だ.極限値が予想できれば,それに収束することの証明はわりあいやさしいが,極限値を知らないと,収束の証明はできない.

この点については,次のように改良できる.極限値と近似和との誤差項

$$a_{n+1}+a_{n+2}+a_{n+3}+\cdots \tag{7}$$

は,いままでは余り物として捨ててしまっていたが,これに注目しよう.収束級数では,n が大きくなると(7)の絶対値は,いくらでも小さくなる.このことを,収束の判定に利用できないだろうか.

いま

$$a_{n+1}$$
$$a_{n+1}+a_{n+2}$$
$$a_{n+1}+a_{n+2}+a_{n+3}$$
$$\cdots\cdots\cdots\cdots\cdots\cdots$$
$$a_{n+1}+a_{n+2}+a_{n+3}+\cdots+a_{n+m}$$

の絶対値が,すべて非常に小さいとしよう.つまり,非常に小さい正数 k があって,すべての m に対して

$$-k \leq a_{n+1}+a_{n+2}+\cdots+a_{n+m} \leq k$$

が成り立ったとする.このときはもちろん,近似和 b_n と極限値 l との差の絶対値も非常に小さく,その大きさは k を超えない.まとめると,次のようにいえる.

$$a_1+a_2+\cdots+a_n+\cdots$$

が収束するときは,どんなに小さく k を定めても,n を

十分大きくとりさえすれば, 任意の m に対して
$$|a_{n+1}+\cdots+a_{n+m}| \leqq k$$
となるようにできる.

逆にこのようにできれば, 誤差がいくらでも小さくできるのだから, もとの級数は収束するだろう.

このアイデアの利点は, 無限を含まないことと, 極限値を知らなくても使えるという点だ. しかし, 考え方がちょっとむずかしいかもしれない.

無限級数の収束には実数の性質が深く関係してくる. もしもすべての数が有理数だけだとすると, 有理数の数列の各項が有理数 l にいくらでも近くなるとき, 極限値を l と定義するだろう. これに対して, 上のアイデアをあてはめてみよう.

無理数 $\sqrt{2}$ を小数で書くと
$$\sqrt{2} = 1.414213\cdots$$
で, 無限級数で書くと

$$1+\frac{4}{10}+\frac{1}{100}+\frac{4}{1000}+\frac{2}{10000}+\frac{1}{100000}+\frac{3}{1000000}+\cdots$$

これを第 $(n+1)$ 項で打ち切ったときの誤差は, 高々 $\dfrac{1}{10^n}$ だ. n を大きくするとこれはいくらでも小さくなるから, 上で説明した考えによれば, この無限級数は収束することになる.

ところが, この極限値は $\sqrt{2}$ で, 有理数ではない.

有理数の級数の極限値があるときは, それも有理数だと思うかもしれないが, それは誤りだ. これはたいへん不便

なことだが，これは「有理数全体の集合には $\sqrt{2}$ のようなすき間があいている」ためだということが，直観的に想像できる．このすき間を埋めると実数の集合が得られる．

これを論理的に明確にするのが，実数の「完備性の公理」だ．これによって，誤差項をいくらでも小さくできる級数には実数の極限値があることが証明できて，和の存在が保証される．

連続性

第10章（185ページ）で，連続という考えに触れた．解析学でも，連続関数は基本的に重要だ．
$$f(x) = 1 - 2x - x^2$$
のグラフは図164のようになるが，このグラフには「ジャンプ」がない．ところが，右の郵便料のグラフには「ジャンプ」がある（図165）．前のは連続関数で，あとのは不連続関数だ．

解析学の初期の時代には，きれいな式であらわされた関

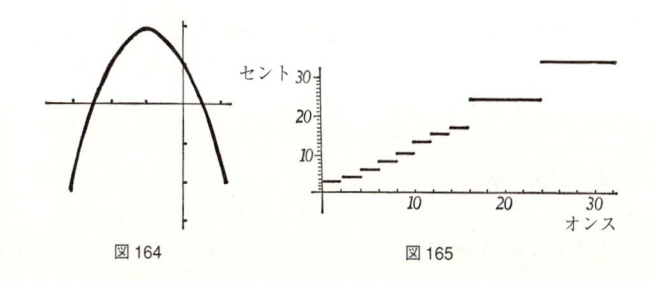

図164

図165

図 166

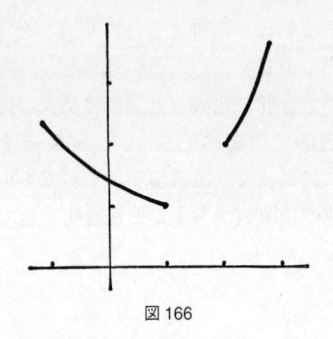

数は連続なはずだ,と信じられていた.しかし,これははかない希望であった.関数
$$g(x) = x + \sqrt{(x-1)(x-2)}$$
はきれいな式といえるが,そのグラフは,図 166 のように不連続だ.

だから,もっと注意深く調べなくてはいけない.オイラーは「フリーハンドで描いたグラフのあらわす関数」を連続関数の定義にしようとしたが,これは数学的な定義になっていない.コーシーは「変数の無限小の変化が関数の無限小変化を生じるような関数」を連続関数と定義した.これはうまい定義のようだが,さて無限小とは何だろうか.これがむずかしい.

現代の連続の定義は「ジャンプがない」ということを正確に表現する.

ジャンプがあると,原因の小さな変化が,結果の大きな変化を引き起こす.だからジャンプを発見するには,

図167

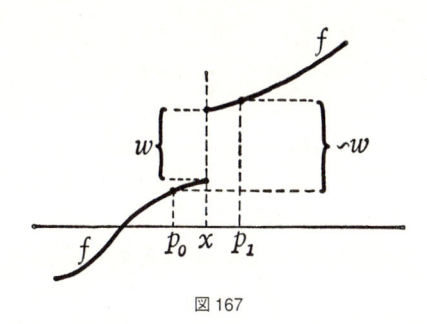

いわば虫眼鏡がいる。そうすると、図167のように見える。ジャンプの高さをwとする。xのすぐ左にp_0を、すぐ右にp_1をとると、$f(p_0)$と$f(p_1)$との差は、だいたいwだ。しかしp_0とp_1をxから遠くにとると、$f(p_0)$と$f(p_1)$はどうなっているかわからない。

関数fの連続性の現代的な定義は、次の通り。

2点p_0とp_1をxに十分近くとれば、$f(p_0)$と$f(p_1)$との差をいくらでも小さくできるとき、$f(x)$は「点xで連続」だという〔注16.4〕。

これは結局、点xでジャンプがないことをいっている。

定義域Rのすべての点で連続なとき、「Rで連続」だという。

オイラーのよりもこの定義が優れている点は、具体的に与えられた関数の連続性が、これを使って証明できるという点だ。たとえば、

$$f(x) = x^2$$

が，$x=0$ で連続なことを証明してみよう．いま，ある正数 k を定め，$-k<p_0<0,\ 0<p_1<k$ のように p_0 と p_1 をとると，

$$-2k^2 < p_0^2 - p_1^2 < 2k^2$$

となるから，k を小さくすれば，中央の差すなわち

$$|f(p_0) - f(p_1)|$$

は，いくらでも小さくできる．たとえば，これを $\dfrac{1}{1000000}$ より小さくしたいと思ったら，$k < \dfrac{1}{1000}$ とすればよい．

このほかに，任意の x についてもこのようなことを証明すれば，$f(x)=x^2$ の連続性が証明できる．計算はちょっとめんどうだが，考え方はやさしい．

ある点では連続で，ある点では不連続という関数もある．郵便料金のグラフは，$2, 4, 6, 8, 10, 12, \cdots$ では不連続だが，その他の点では連続となっている．

しかし，非常に奇妙な振舞いをする関数もある．たとえば

$$h(x) = \begin{cases} 0, & x \text{ が無理数のとき} \\ \dfrac{1}{q}, & x \text{ が有理数 } \dfrac{p}{q} \text{ のとき} \end{cases}$$

で定義される関数 $h(x)$ は，すべての無理数点で連続で，すべての有理数点で不連続だ（証明はちょっとむずかしい）．しかし不思議なことには，すべての有理数点で連続で，すべての無理数点で不連続のような関数を作ることはできない．

このような奇妙な関数はあるけれども，これまで説明し

た連続性の定義は，解析学の議論に十分使える．しかし，別の方法もある．最近，数理論理学に関連して，無限小の役割を見直し，いわゆる「ノンスタンダード・アナリシス」（超準解析）が提唱されてきた．しかし私は，これを学生に教えることをためらう．その論理はあまり微妙すぎる．

いずれにしろ，初等数学の段階で，厳密な解析学を構成することは，非常にむずかしい．

解析学における定理の証明

次のようなパズルが昔からある．

「月曜日の朝9時に山に登り始め，その日の夕方6時に山の頂上に着いた．一晩泊ってから，次の日の朝9時に同じ道を降り始め，夕方6時に出発点に戻った．両日の同じ時刻に通過した同じ場所があることを証明せよ」．

答えはすぐにわかる．2日目に，最初の日の人と全く同じ登り方をする人Bを想像すると，同じ日に，Aは山から降り，同時にBは山へ登る．同じ道なのだから，必ずどこかで出会う．その時刻と場所が求めるものだ．

この解答の中には，解析学のある定理がひそんでいる．Aの歩き方はもちろん連続だと仮定している．何かの魔法を使って，山の1点から他の点に瞬間的にジャンプできたとすると，Bに出会わないこともあるからだ．

いま，Aがこの2日間に歩いた道を同じグラフ用紙の上に描いてみる（図168）．「この2つの曲線は必ず交わ

図 168 図 169

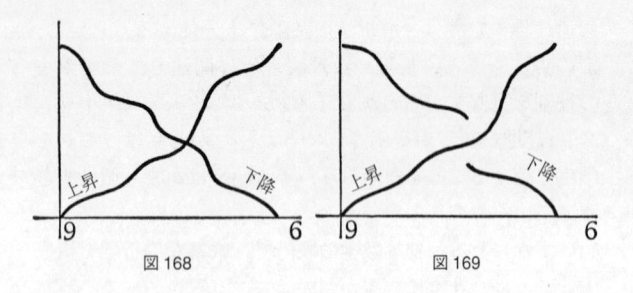

る」というのが証明の要点だ.

不連続な曲線では,そうはいかない(図 169).

しかしながら,数学では,図を利用するのは結構だが,それに頼り切って議論してはいけない.図は人をだますことがあるから,定義から論理的に証明しなければいけない.もちろん,図を頭の中に思い浮かべながら考えることはよい.

さて,このパズルの裏にある定理を「中間値の定理」といい,きちんと述べると,次のようになる.

「同じ実数区間 $[a,b]$ で定義された2つの連続関数を $f(x), g(x)$ とし,$x=a$,$x=b$ で
$$f(a) < g(a), \quad f(b) > g(b)$$
となっているとする.このとき
$$f(c) = g(c)$$
のような点 c が,a と b の間に少なくとも1つある」(図170).

この定理の証明は次のように進める(図171).区間

図170

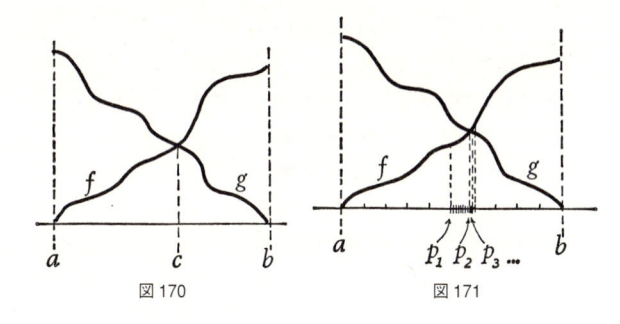

図171

$[a,b]$ をたとえば10等分して
$$a = x_0, x_1, x_2, \cdots, x_{10} = b$$
とする.
$$f(x_0) < g(x_0), \quad f(x_{10}) > g(x_{10})$$
で, f も g も連続だから, $f(x)$ が $g(x)$ を追い越す前の最後の点がある. これを x_k とする. つまり
$$f(x_k) < g(x_k), \quad f(x_{k+1}) \geqq g(x_{k+1})$$
x_k を p_1 とする.

次に, 区間 $[x_k, x_{k+1}]$ を10等分して, またこのような分点を求め, これを p_2 とする.

これをどんどん続けていくと, 点列
$$p_1, p_2, p_3, p_4, \cdots$$
ができるが, 実数の完備性の公理によって, この点列は $[a,b]$ の中のある実数 p に収束する.

$f(x), g(x)$ の連続性の定義を使って, ちょっとした計算をすれば, この点で

$$f(p) = g(p)$$

となることがわかる．

たとえば，図171で，$a=0$，$b=1$ とすると

$p_1 = 0.5$

$p_2 = 0.58$

$p_3 = 0.583$

$\dots\dots\dots\dots\dots$

のようになり，この無限小数であらわされた点が，極限値 p だ．

この証明では，実数の完備性が本質的な役割をしている．有理数だけの世界では，この定理は正しくない．たとえば

$$f(x) = 1 - 2x - x^2$$

は有理数の上で連続な関数で，$f(0)=1$，$f(1)=-2$ だから，$g(x)=0$ とすると

$$f(0) > g(0), \quad f(1) < g(1).$$

上の定理が有理数だけの集合について正しいとすると，

$$1 - 2p - p^2 = 0$$

のような p が 0 と 1 の間にあるはずだが，この p は $\sqrt{2}-1$ で，有理数ではない．有理数の集合は完全でないから，中間値の定理は成り立たない．

これまでの説明は，もちろん厳密なものではない．それを書くと，あまりにくどくなる．

「図で明らかな定理を，なぜ証明する必要があるのか」．18世紀の数学者は，こう考えた．図に頼りすぎた結果，

18世紀の数学で得られたものは混沌としていた．一般に論理抜きの直観では，ものごとを単純にきれいに見過ぎる傾向がある．

　もちろん，論理的な厳密性に欠けているからといって，直観的な良いアイデアを決して無視してはいけない．しかし，論理なしにあまり遠くまで直観を進め過ぎると，混乱が起こることが多い．

17 確率論
確からしさの測り方，ちどり足の話

　確率論の起こりは，ギャンブルの問題だ．トランプゲームやサイコロゲームをするとき，ある人が勝つチャンスが最大になるのは，どんな場合か．勝ち目（勝つチャンスと負けるチャンスの比）はどうか．

　ゲームは，その進行も手の数も普通は有限なので，この種の問題をあつかうのは，組み合わせ論の方法，つまり数え上げの方法を使う．コインを3回投げると，表と裏の出方について，

　　　　　表表表　表表裏　表裏表　表裏裏
　　　　　裏表表　裏表裏　裏裏表　裏裏裏

の同等な8通りの場合が起こり得るから，たとえば続けて3回表が出る確率は8通りのうちの1通り，つまり $\frac{1}{8}=0.125$ だ．

　もちろん，「表と裏の出方は同じように期待される」という仮定がある．「同じように期待される」とは確率が $\frac{1}{2}$ のことだと言いたいのだが，その確率をこれから定義しようというのだから，しばらくの間「同じように期待される」という意味はわかっていることにして，いちいち断らない．

実験で確かめようとしても，別の困難が生じる．表と裏が同じように期待されるならば，実験を長く続ければ，表の回数と裏の回数はほとんど等しいと思われる．もちろん，正確に等しくはない．奇数回投げれば等しくなるはずがないし，偶数回でもわずかにちがうだろう．コインを 20 回投げて，表が 10 回出るかどうかを調べてみるとよい．ひまがあれば，さらにこの実験をたくさん繰り返して，20 回中ちょうど 10 回表が出る場合が何回起こるかを調べてみるとなおよい．

そこで，表の出る割合も裏の割合も，「極限において」$\frac{1}{2}$ に「近づく」と言えばよい．ところがこの極限は微積分での極限とちがうので，トラブルが生じる．正しいコインで長い実験をした結果がすべて表ということもあり得るはずだ（もちろん実際にはほとんどないが）．

この可能性を考慮に入れて確率の考えを精密に作り上げようとすると，「同じように期待される」の意味をはっきりさせる必要が起こり，ふたたび確率の定義が必要となる．

1930 年代までは，この困難を避けることはできなかったが，公理論的確率論の発展によって完全に解決された．応用から切り離すことによって，確率論は論理的な難点なしに発展させることができた．そして，その結論が事実に合うかどうかを実験でテストしてみる．公理論的幾何学の成功と同じ理由によって，公理論的確率論も成功したのだ．

組み合わせ確率論

しばらくの間「同じように期待される」ということの意味はわかっているものとし,このことをいちいち断らない.そうすると,事象 E の確率 $p(E)$ の,素朴ではあるが役に立つ定義は

$$p(E) = \frac{\text{その中で } E \text{ が起こる回数}}{\text{起こり得るすべての場合の数}}. \qquad (1)$$

たとえば,2 つのサイコロを転がすと,36 通りの場合があり,そのうちで目の和が 6 となることを E とすると,E が起こる場合は $1+5, 2+4, 3+3, 4+2, 5+1$ の 5 通りだから,

$$p(E) = \frac{5}{36}.$$

(1)の分子も分母も負ではなく,E の起こる回数はもちろん全体の回数を超えないから

$0 \leq p(E) \leq 1$

$p(E) = 0$ ならば E は決して起こらぬ

$p(E) = 1$ ならば E は必ず起こる

このようにして,組み合わせ論的確率論のテクニックは,場合の数の数え方に帰着する.

E と F を異なる 2 つの事象とするとき,「E あるいは F」が起こる(E と F のどちらかが起こる)という事象の確率を求めてみよう.サイコロを例にとる.

$$E = (6 \text{ が出る}), \quad F = (5 \text{ が出る})$$

とすると,もちろん

$$p(E \text{ あるいは } F) = \frac{2}{6} = \frac{1}{3}.$$

一般に,全体の場合の数 T のうち,E の起こる場合の数を $N(E)$, F の起こる場合の数を $N(F)$ とする.

$$p(E \text{ あるいは } F) = \frac{N(E \text{ あるいは } F)}{T}$$

だが,もしも E と F が重なっていなければ

$$N(E \text{ あるいは } F) = N(E) + N(F)$$

そこで,

$$p(E \text{ あるいは } F) = \frac{N(E) + N(F)}{T}$$
$$= \frac{N(E)}{T} + \frac{N(F)}{T}$$
$$= p(E) + p(F).$$

もしも,E と F に重なっているところがあれば,$N(E) + N(F)$ は重なっているところを 2 重に数えている.たとえば,サイコロを投げて

$$E = (素数が出る)$$
$$F = (奇数が出る)$$

とすると,E は $\{2, 3, 5\}$, $F = \{1, 3, 5\}$ だから,「E あるいは F」は $\{1, 2, 3, 5\}$ だ.そこで

$$p(E) = \frac{1}{2}, \quad p(F) = \frac{1}{2}, \quad p(E \text{ あるいは } F) = \frac{2}{3}$$

となる.一般には

$$N(E \text{ あるいは } F) = N(E) + N(F) - N(E \text{ かつ } F)$$

だから,各項を T で割ると
$$p(E\text{あるいは}F) = p(E)+p(F)-p(E\text{かつ}F)$$
が成り立つ.

集合を使うと

これらのことは,集合を使うともっとはっきりする.サイコロを投げたときの結果の全体は
$$\text{集合 } X = \{1,2,3,4,5,6\}$$
で,上の事象 E と F は X の部分集合
$$E = \{2,3,5\}$$
$$F = \{1,3,5\}$$
だ(図172).

「E あるいは F」という事象は $\{1,2,3,5\}$ で,和集合 $E \cup F$,「E かつ F」という事象は $\{3,5\}$ で,共通集合 $E \cap F$ となる.

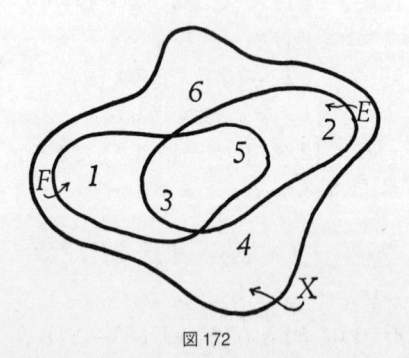

図172

確率とは、X のすべての部分集合の集合 S から、実数の集合 $\boldsymbol{R}$ への関数だ。一般には、値域をちょっと制限して $[0,1]$ とする。

このような抽象化によって、「有限確率空間」が生じる。これは次のものから構成されている。

(1) 有限集合 X。

(2) X のすべての部分集合の集合 S。

(3) 関数 $p:S \longrightarrow [0,1]$ は、すべての $E, F \in S$ について

$$p(E \cup F) = p(E) + p(F) - p(E \cap F).$$

公理論的確率論は、すべて確率空間を使って展開される。しかしながら無限確率空間をあつかおうとすると、上の定義をもっと精密にしなければならない。応用では、無限集合 X を考えることが必要となる場合が多い。たとえば、人の身長は実数であらわされるから、とり得る値には無限に多くの可能性がある。

独立性

確率論のもう1つの基本的な操作は、2つの試行を2回続けて行うことだ。最初の試行で E、次の試行で F が起こる確率はどうか。たとえば、サイコロを2回投げたとき、最初に5、次に2が出る確率はいくつか。これは、36通りの可能な場合のうちの1通りだから、求める確率は $\dfrac{1}{36}$ となる。

もしも、E と F が307ページの事象ならば、初めに E

が3通り,次に F が3通りで起こるから,すべての組み合わせは $3 \times 3 = 9$. そこで求める確率は $\dfrac{9}{36}$ となる.

一般に,1回目の試行で起こり得るすべての場合の数が T_1, E の起こる場合の数が $N(E)$, 2回目のをそれぞれ $T_2, N(F)$ とすると,同じように

$$p(E \text{ 続いて } F) = \frac{N(E) \times N(F)}{T_1 \times T_2}$$

$$= \frac{N(E)}{T_1} \times \frac{N(F)}{T_2}$$

$$= p(E) \times p(F).$$

以上の計算では,E と F は「独立」,つまり1回目の試行の結果が2回目の確率に影響しないという仮定を置かなければならない.

「E と F の結果の和が4」,というような場合には,こうはならない. 最初に4以上が出れば次には何が出てもだめ. 最初に $1, 2, 3$ が出れば2回目は1通りずつで,それぞれ $\dfrac{1}{6}$ の確率で,和は $\dfrac{1}{2}$.

独立性の定義は確率空間を使って行われる. 応用上では,現実世界に起こる事象が独立と仮定して理論を作り,それをあてはめ,実験によって独立性を調べるという方法をとることが多い.

サイコロのパラドックス

確率についての直観は,誤ることが多い. 各面に次のような目をつけた4つのサイコロ A, B, C, D を考える.

A：０　０　４　４　４　４

B：３　３　３　３　３　３

C：２　２　２　２　７　７

D：１　１　１　５　５　５

この4つのサイコロを投げる．まず，AがBに勝つ（Aの目がBの目より大きい）確率はいくつか．Aに4が出たとき勝つのだからこれは明らかに $\frac{4}{6} = \frac{2}{3}$ だ．

次にBとCを比べる．Bが勝つのはCに2が出たときだから，その確率はもちろん $\frac{2}{3}$ だ．

CとDはちょっとめんどうだ．Dは $\frac{1}{2}$ の確率で1を出し，このときはいつもCが勝つ．次に $\frac{1}{2}$ の確率で5を出すと，Cが勝つ確率は $\frac{1}{3}$．そこで，CがDに勝つ確率は

$$\frac{1}{2} \times 1 + \frac{1}{2} \times \frac{1}{3} = \frac{2}{3}.$$

最後に，DとAを比べてみると，上と同じ計算で，DがAに勝つ確率は $\frac{2}{3}$ となる．

勝つ確率が $\frac{1}{2}$ より大きい方を「強い」ということにすると

　　　　AはBより強い

　　　　BはCより強い

　　　　CはDより強い

　　　　DはAより強い

ということになる．

この計算にはまちがいはない．だからこのゲームをする

とき，相手がBを持ったらAを，Cを持ったらBを，Dを持ったらCを，AをもったらDを持つようにすれば，勝ち目はいつも2:1となる．

「AはBより強く，BはCより，CはDより強いのだからAはDより強いはずだ」と思うかもしれないが，この考えは誤りだ．「より強い」かどうかは，相手のサイコロの選び方による．つまり，実際はAとB，BとC，CとD，DとAという4つの異なったゲームをしていることになる．青木がテニスで馬場に勝ち，馬場は将棋で千代田に勝ち，千代田はバドミントンで壇に勝ち，壇はトランプで青木に勝つことがあるようなものだ．

たくさんの商品を，その好き嫌いで一列に順序づけられると信じている経済人たちは，この現象をよく研究するとよい．

2 項確率

片面が他面より出やすい歪んだコインは，いろいろな確率現象を研究するための良いモデルとなる．例を挙げると，サイコロを投げて1の目の出方を調べることは，$p(表) = \frac{1}{6}$，$p(裏) = \frac{5}{6}$ のような歪んだコインを投げることといっても，同じだ．新生児の性別では
$$p(男) = 0.52, \quad p(女) = 0.48$$
となる例が多いことが経験上知られている．

一般にどんなコインでも，
$$p = p(表), \quad q = p(裏)$$

とおくと，もちろん $p+q=1$ だ．

さて，独立性の考えを使うと，コイン投げの試行の列について，次の確率表が得られる．

表 p	表表 p^2	表表表 p^3
裏 q	表裏 pq	表表裏 p^2q
	裏表 pq	表裏表 p^2q
	裏裏 q^2	表裏裏 pq^2
		裏表表 p^2q
		裏表裏 pq^2
		裏裏表 pq^2
		裏裏裏 q^3

この表から，表の回数がそれぞれ $0,1,2,3$ である確率は，上の表の同じ値を集めて，次のようになることがわかる．

表の回数 投げた回数	0	1	2	3
1	q	p		
2	q^2	$2pq$	p^2	
3	q^3	$3pq^2$	$3p^2q$	p^3

この各行は，2項式の展開

$$(p+q)^1 = p+q$$
$$(p+q)^2 = p^2+2pq+q^2$$
$$(p+q)^3 = p^3+3p^2q+3pq^2+q^3$$

にあらわれる項と同じだ．そこで，4回投げたときは

$$(p+q)^4 = p^4+4p^3q+6p^2q^2+4pq^3+q^4$$

一般に，n 回投げたときは，

$$(p+q)^n$$

の各項があらわれることが予測できる．

これはもちろん偶然ではない．理由の説明もやさしい．いま

$$(p+q)^5 = (p+q)(p+q)(p+q)(p+q)(p+q)$$

の展開で，p が2つ，q が3つあらわれるのは

$$q\ q\ q\ p\ p$$
$$q\ q\ p\ q\ p$$
$$q\ q\ p\ p\ q$$
$$q\ p\ q\ q\ p$$
$$q\ p\ q\ p\ q$$
$$q\ p\ p\ q\ q$$
$$p\ q\ q\ q\ p$$
$$p\ q\ q\ p\ q$$
$$p\ q\ p\ q\ q$$
$$p\ p\ q\ q\ q$$

の10通りで，これは表が2回，裏が3回ということだから

裏 裏 裏 表 表
裏 裏 表 裏 表
裏 裏 表 表 裏
裏 表 裏 裏 表
裏 表 裏 表 裏
裏 表 表 裏 裏
表 裏 裏 裏 表
表 裏 裏 表 裏
表 裏 表 裏 裏
表 表 裏 裏 裏

となる．

一般に, 合わせて n 個の表と裏から成るすべての列の中で, 表が r 個, 裏が $(n-r)$ 個ある列の数を $\binom{n}{r}$ (あるいは ${}_n\mathrm{C}_r$) と書くと, n 回の試行で表が r 回出る確率は

$$p(r) = \binom{n}{r} p^r q^{n-r}$$

となる．$\binom{n}{r}$ の計算式は, よく知られているように

$$\binom{n}{r} = \frac{n(n-1)(n-2)\cdots(n-r+1)}{r(r-1)(r-2)\cdots 3\cdot 2\cdot 1}$$

だから, 5 回のうち表が 2 回, 裏が 3 回出る場合の数は

$$\binom{5}{2} = \frac{5\cdot 4}{2\cdot 1} = 10$$

となる．

一般に

$(p+q)^n$
$$=p^n+np^{n-1}q+\cdots+\binom{n}{r}p^rq^{n-r}+\cdots+npq^{n-1}+q^n$$
を「2項定理」といい，ニュートンが初めて導いたものだ．コインといえば，ニュートンはある時期，造幣局の長官をしていたということだ．

2項定理を使うと，n回投げた内の表の出る回数の平均が計算できて，npとなる．そこで，表の出る割合は$\frac{np}{n}=p$．これによって，306ページで「平均の生起率」を確率と定義したのが合理的であったことがわかる．この定理を「大数の法則」といい，確率の数学的モデルが，現実世界に起こることとうまく結びついていることを示している〔注17.1〕．

ランダム・ウォーク（ちどり足）

最後に，確率論から発生したもう一つのタイプの問題を説明しよう．これは，結晶の中を飛び回る電子の運動，流体の内部を流れる微粒子の運動などの研究に応用される．

x軸上を動く粒子Pを考える．Pは$t=0$のとき点$x=0$を出発し，$t=1$までに，確率$\frac{1}{2}$で$x=-1$に，確率$\frac{1}{2}$で$x=1$に動く．時刻tのとき点xにあれば，時刻$t+1$までに，確率$\frac{1}{2}$で$x-1$に，確率$\frac{1}{2}$で$x+1$に動く．この点Pの運動を研究しよう．

Pの運動は，たとえば

左 右 右 右 左 左 左 右 左 左 左 左
左 左 左 左 左 右 右 左 右 …

のようになる．これを図173に示す．時間の進行につれて動く様子を示すために，線分で結んだ．右に動くか左に動くかをコインを投げて決めて，自分で実験するとよい．

直線上ではなく平面上で考えると，Pはそれぞれ確率 $\frac{1}{4}$ で右・左・上・下に1だけ動く．3次元のときは，動き得る方向は6つあり確率はどれも $\frac{1}{6}$ だ．

さて，ある点Xをとったとき，

「PがXに到着する確率はいくつか」

という問題は興味がある（それに要する時間は，問題にしない）．Xが原点から遠くにあるほど，そこに到達する確率は小さくなる，と考えるかもしれない．ところがその考

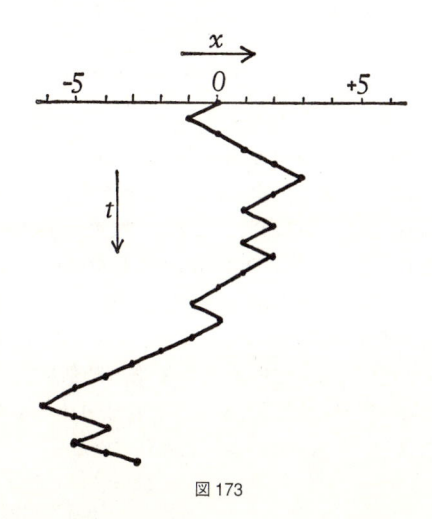

図173

えは誤りで、どの点Xについても、そこに到達する確率は等しいことが証明される。ランダム・ウォークでは、十分に長い時間を考えれば、どの点も平等なのだ。

（2次元の場合には、点 (x, y) で直交する2本の1次元ランダム・ウォークを考えればよい。確率は $\frac{1}{4}$ とする。3次元以上の場合も類推せよ。）

1次元、2次元の場合には、この確率は1となるので、任意の与えられた点Xに到達することは、ほとんど確実だ（「必ず」ではなく「ほとんど確実」と言う。右の遠くの方へ行ってしまって、Xに戻ってこないこともあり得るが、その確率は0だ。無限プロセスの場合は、「確率1」が「必ず」ということでもなく、「確率0」が「決して起こらぬ」ということでもない）〔注17.2〕。

ところが、3次元の場合は、この確率は0.24にしかならない。

1次元あるいは2次元空間の中に放されて、でたらめに（ランダムに）さまよい歩くとき、たまたま自分の家にたどり着く確率は1（再帰的）だが、3次元空間の中では、家にたどりつくチャンスは4回に1回しかない。

しかしながら、どの場合にしても、家にたどり着くまでの平均時間は無限大となる。くわしくいうと、5秒後でも3000年後でもよいが、とにかくある時刻を t_0 とすると、いつまでもさまよっていれば、t_0 より大きい時刻では、ほとんどいつも家から遠くに離れている。

18 コンピュータ
コンピュータの原理とプログラム

　厳密にいえば，計算は数学の一部分ではない．計算には計算それ自身の領域がある．だから，コンピュータは現代数学に属する概念ではなくて，現代数学の産物だ．しかしながら，小学校課程で学ぶところのいわゆる「現代数学」には，かなりの量の計算が含まれており，これは全く当然のことだ．また現実世界に数学を応用するとき，コンピュータの強力な計算能力は非常に重要となる．

　いまのところ，理論的数学に対しては，コンピュータは大した役割を果たしていない．ある問題をコンピュータにのせるためには，「この問題を解くために必要なステップをどのように構成するか」ということを，少なくとも原理的には知っていなければならない．理論的立場から見れば，このことは——特に問題の主目的が，結果ではなくて方法である場合には——問題を解くこととほとんど同じだ．しかしながら，実際の応用では具体的な結果を得ることが主目的なので，原理的な方法だけでは不十分で，実用になるものでなくてはならない．実際と理論との間に橋をかけることが，コンピュータの重要な仕事だ．

　コンピュータはまた，それを作り，働かせるアイデアの

底には数学があるという点で,数学者の興味をひく.

この章では,コンピュータの設計と使い方の背後にある数学的もしくは実際的なアイデアのほんの一部分を説明する.技術的な細部については,専門の本を読んでいただきたい〔注 18.1〕.

2 進法

基本的には,コンピュータは計算する機械だ.つまり,数の形でデータを入れ,どのように処理するかを教えられて,処理した結果をプリントする.現代のほとんどのコンピュータは,電子式計数型(ディジタル)計算機だ.つまり電子回路を用いて,数を計数型で記憶したり処理したりする.しかし他の方法も考えられる.たとえば,光のビームを用いる光学コンピュータや,流体やガスの流れを利用する流体コンピュータなども考えられている.ここでは,コンピュータ設計の背後にあるアイデアを説明するために,しばらく,簡単なボールベアリング・コンピュータというものを使う.

数そのものは抽象的な概念で,現実世界に存在しているわけではないのだから,数をそのままあつかうことはできない.そこで,何か物理的な形で数をあらわさなければならない.相似型(アナログ)コンピュータでは,電流の強さの単位の x 倍で数 x をあらわす.しかしながら,それでは精度がわるく,汎用性もなく,演算速度も遅いので,限られた分野にしか使われない.

数を表現する最も簡単な方法は，2つの安定状態を使う．スイッチにはŌN かŌFF の2つの状態があり，電流には流れるか流れないかの2つの状態がある．マグネットには，S-N と N-S の2つの状態がある．そこで「2進法システム」を用いると，数を処理するのにこれらの状態が使える．

普段使っている記数法は 10 進法システムで，10 進法で書いた次の左辺の数は，右辺のような意味だ．
$$365 = (3 \times 10^2) + (6 \times 10) + (5 \times 1)$$
$$1066 = (1 \times 10^3) + (0 \times 10^2) + (6 \times 10) + (6 \times 1)$$
ここで，基礎に 10 を使うのは，本質的なことではない．10 を使う必然的理由はないので，たとえば6でもよい．6進法で書いた数（次の左辺）は

$$1 = \qquad 1 \times 1$$
$$2 = \qquad 2 \times 1$$
$$3 = \qquad 3 \times 1$$
$$4 = \qquad 4 \times 1$$
$$5 = \qquad 5 \times 1$$
$$10 = \qquad (1 \times 6) + (0 \times 1)$$
$$11 = \qquad (1 \times 6) + (1 \times 1)$$
$$12 = \qquad (1 \times 6) + (2 \times 1)$$
$$\dots\dots\dots\dots$$
$$55 = \qquad (5 \times 6) + (5 \times 1)$$
$$100 = (1 \times 6^2) + (0 \times 6) + (0 \times 1)$$
$$\dots\dots\dots\dots\dots\dots$$

のようになる．6進法システムでは，6個の数字しかいらない．

最も簡単なのはもちろん2進法システムで，これは2のベキを使う．10進法が10本の指を使うのに対して，2進法は2本の指だけを使う，といえばよい．必要な数字は0と1だけで，次の左辺のようになる．

$$1 = 1\times 1 = [1]$$
$$10 = (1\times 2)+(0\times 1) = [2]$$
$$11 = (1\times 2)+(1\times 1) = [3]$$
$$100 = (1\times 2^2)+(0\times 2)+(0\times 1) = [4]$$
$$101 = (1\times 2^2)+(0\times 2)+(1\times 1) = [5]$$
$$110 = (1\times 2^2)+(1\times 2)+(0\times 1) = [6]$$
$$111 = (1\times 2^2)+(1\times 2)+(1\times 1) = [7]$$
$$1000 = (1\times 2^3)+(0\times 2^2)+(0\times 2)+(0\times 1) = [8]$$
$$1001 = (1\times 2^3)+(0\times 2^2)+(0\times 2)+(1\times 1) = [9]$$

....

(右側の [ ] の中は，同じ数を，10進法で書いたもの．)

2進法の加・減・乗・除の計算は，10進法の方法と同じ考えでできる．ただし，1より大きくなると，上の桁に繰り上げる．

加算は

$$0+0 = 0$$
$$1+0 = 1$$
$$0+1 = 1$$
$$1+1 = 10$$

で，乗算は
$$0 \times 0 = 0$$
$$0 \times 1 = 0$$
$$1 \times 0 = 0$$
$$1 \times 1 = 1$$
だから，小さい子供にも覚えられる．

この2つの表を使えば，すべての計算ができる．たとえば
$$11011 \times 1010$$
は次のようにする．

```
        11011
    ×)   1010
       110110
      11011
    100001110
```

10進法に直してチェックしてみると
$$11011 = 16+8+2+1 = 27$$
$$1010 = 8+2 = 10$$
$$100001110 = 256+8+4+2 = 270$$
で，確かに正しい．

ボールベアリング・コンピュータ

この加算表と乗算表を機械にやらせるにはどうしたらよいか．現代の電子計算機を持ち出すと，電子工学にまどわされそうなので，ボールベアリング・コンピュータで加算をやらせてみよう．本物のコンピュータの電気パルスの

代わりにボールベアリングの流れを使う,という点を除けば,基本動作の原理は同じだから.

まず,加算表と同じように働く素子を作ろう.それには0と1の2つの状態を持ち,次の表のような出力を出すようにする.ここで,入力は加える数,初期状態は加えられる数,最終状態は答え,出力は上の桁への繰り上がりをあらわす.

入　　力	初期状態	最終状態	出　　力
0	0	0	0
0	1	1	0
1	0	1	0
1	1	0	1

1個のボールで1をあらわし,0個のボールで0をあらわす.図174は加算機だ.網かけのT形の部品は,ボールの重さで上下に動く.

この動作には,次の4通りの場合がある.

(1) 初期状態0で入力が0ならば,0状態のままでいる.
(2) 初期状態が1で入力が0ならば,1の状態のままでいる.
(3) 初期状態が0で入力が1ならば,ボールは通過チャンネルを通って捨てられ,最終状態は1で,出力は0だ.
(4) 初期状態が1で入力が1ならば,ボールは出力

状態0

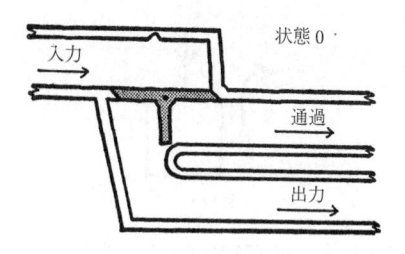

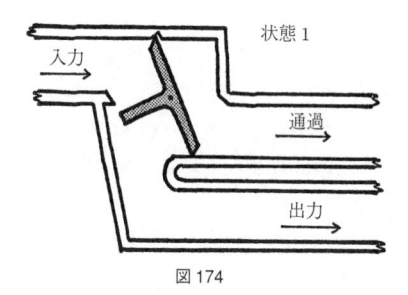

状態1

図174

チャンネルに行くから，最終状態は0，出力は1だ．

このようにして，この素子はちょうど加算表通りの動作をする．これからはこの素子を，簡単に図175の記号で示す．

この素子を図176のように9個並べてつなぐと，1組の2進9桁の加算機となる．

この加算機で

$$\begin{array}{r} 11011000 \\ +110110 \\ \hline \end{array}$$

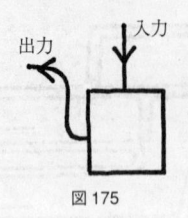

入力

出力

図 175

をやらせてみよう．図 177 のように，最初の数をこの加算機の中におき，ボールを使って第 2 の数を上から入力させる．

この機械は右から左に 1 桁ずつ作動していく．計算のステップを追ってみよう．

1 桁目はボールが入ってこないから状態 0 のまま．

2 桁目は，状態は 0 から 1 に変わり，出力はない．ここまでの状態は

011011010

3 桁目も同様で

011011110

となる．

4 桁目も入力がないからそのままの状態で

011011110

5 桁目はボールが 1 つ通過するから，状態は 1 から 0 に変わり，出力つまり繰り上がりは 1．

011001110
1←

そこで 6 桁目の状態は 0 から 1 に変わり

図 176

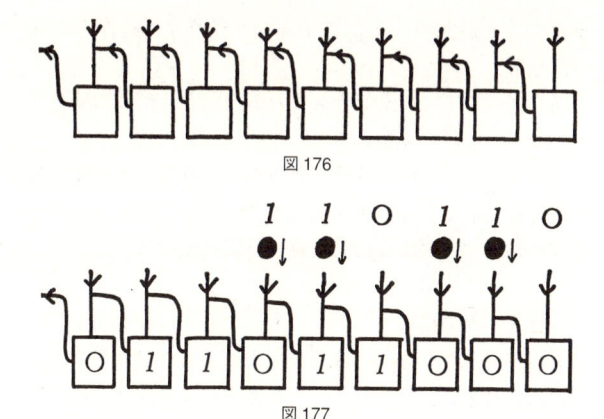

図 177

011101110

以下順々に次のように変わっていき，最後に正しい結果が得られる．

011001110
　　1←

010001110
　1←

000001110
1←

100001110　　　　　　　（答え）

他の例について，この加算機の動作を自分でチェックしてみると，よくわかると思う．

電子計算機では，ボールベアリングの代りに電気パルス

を使い，T形弁の代りに電子部品を使うが，動作の原理は同じだ．

同じような工夫で乗算機も作れる（たとえば，加算機をいくつもつなげてもよい）．

そして，これらの加算機と乗算機を組み合わせれば，精密な計算機ができる．電子回路を使えば，その動作は非常に速いから，このようにして高速計算機が作れた．

コンピュータの構造

これまで説明したのは演算装置だが，これだけではあまり役に立たない．コンピュータの基本的な構成は，次のようになっている．

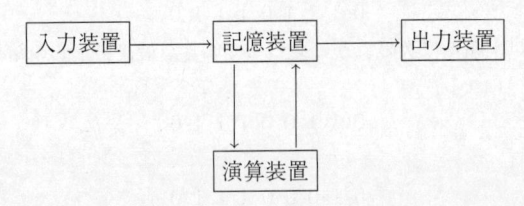

```
入力装置 → 記憶装置 → 出力装置
              ↕
           演算装置
```

コンピュータの記憶装置（メモリー）の役割は2つある．その1つは，入力データを記憶しておき，計算のときにそれを引き出し，結果を出力として出す．もう1つは，計算の手順をコンピュータに指示するプログラムを記憶しておく．コンピュータは，プログラムの中の命令を読み，メモリーからデータを引き出して計算し，答えをメモリーに入れるか，あるいは出力として出し，次の命令を読

む，というステップを続ける．

初期のコンピュータでは，命令は「機械語」（マシンランゲージ）で書かれた．これは，コンピュータが「理解できる」特殊なコードで，非常に精密にくわしく作られている．

「メモリー17番地の内容を引き出して，それを演算装置に入れよ」

「演算装置の2つの数を加えよ」

これらの簡単な操作を示すのにも，機械語では，たくさんの命令がいる．

そこで，もっと通常の言語に近いプログラム言語が開発された．

$$C = A + B$$

という命令は，「メモリーの A 番地の数と B 番地の数を加えて，結果を C 番地に入れよ」という命令だ．コンピュータはコンパイラー・プログラムを持っている．これも機械語で書かれており，高度の言語で書かれた命令を機械語に翻訳する．

高度な言語は，Algol（アルゴル），Fortran（フォートラン），Cobol（コボル）などいろいろある．コボルはもっぱら商業計算上の問題に使われる．コンピュータ会社は，コンピュータといっしょにこれらのコンパイラー・プログラムを使用者に引き渡す．

コンピュータが役に立つかどうかは，全くプログラムの使い方にかかっており，コンピュータはただプログラマー

の命令通り働くだけだ．プログラムのおかげで，1つのコンピュータでいろいろの異なった仕事ができる．プログラマーはもちろん，標準的ないくつかの言語を学ばねばならないが，それはそんなにむずかしくはない．しかし，これらの言語を効果的に使うためのプログラミング技法は，これよりずっとむずかしい．

プログラムを書く

ある言語を1つ学んだとする．ある問題をコンピュータに解かせるためのプログラムをどのように書いたらよいか．

それにはまず，与えられた問題を，コンピュータができるような小さなステップに分解し，それぞれのプログラムを作ってから，それを組み上げる．

例として，2次方程式
$$ax^2+bx+c=0$$
をとる．よく知っているように，根は
$$x = \frac{-b \pm \sqrt{b^2-4ac}}{2a}$$
で与えられる．

この公式をそのまま命令に書き直してコンピュータに入れるのは，ぐあいがわるい．$b^2-4ac<0$ のときは，平方根が求められないし，もしも $a=0$ だと，割り算ができなくなる．

これから使うコンピュータは

四則計算

平方根の計算

数の正負の判定

ができるものとする．

まず公式の計算を，図178のように多くのステップに分解する．このような図を，「フローチャート」（流れ図）という．

これをみると，

$a=0$ のときには1次方程式になる

判別式の値に応じて，実根の個数が $0, 1, 2$ になる

など，いろいろな可能性がもれなくあげられていることがわかる．

次のステップでは，このフローチャートをプログラムに書く．フローチャートには分岐があるが，プログラムは1列に並んだ命令なので，この分岐の書き方がちょっとむずかしい．そのために，プログラムの各部分にラベル A, B, C, D, E を付け，その直前の問いの答えが Yes であるか No であるかに従って，あるラベルから他のラベルにジャンプするようにする．

333ページに，この計算のプログラムの一例を示す．これはアルゴルそのものとはちょっとちがった仮のものだ．フローチャートを参照すれば，このプログラムの説明はほとんどいらないと思うが，いくつかの点を説明しておく．

最初の命令

real $a, b, c, k, u, v, w, x, y$

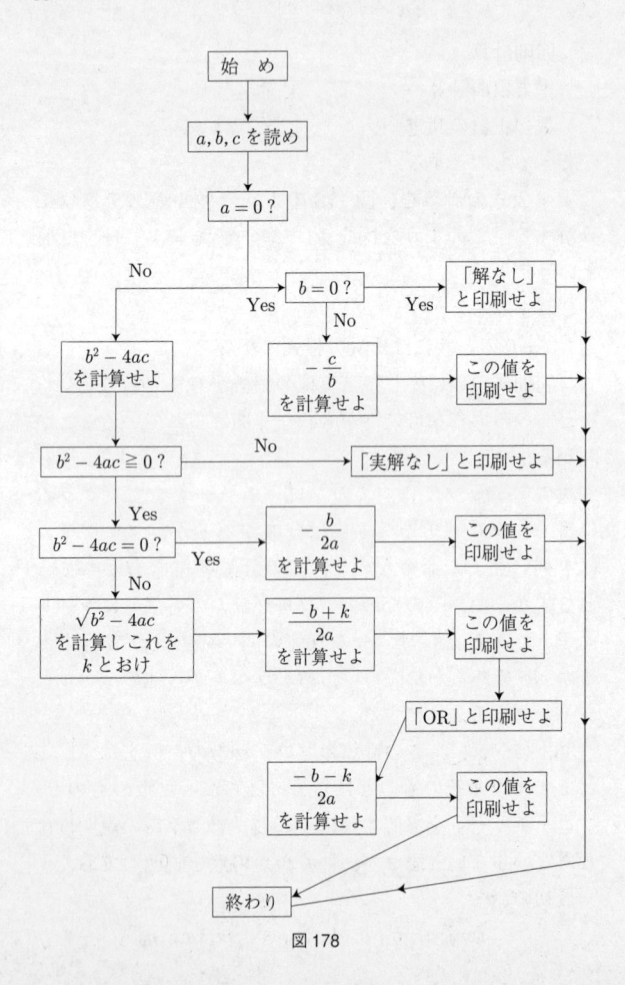

```
                          ┌─────┐
                          │ 始め │
                          └──┬──┘
                             │
                     ┌───────┴───────┐
                     │ a, b, c を読め │
                     └───────┬───────┘
                             │
                       ┌─────┴─────┐
                       │  a = 0 ?  │
                       └─────┬─────┘
                    No       │       Yes
         ┌──────────────┬────┴────┬──────────────┐
         │              │ b = 0 ? │              │
         │              └────┬────┘              │
         │              No   │   Yes → 「解なし」と印刷せよ
         │                   │
   $b^2 - 4ac$          $-\dfrac{c}{b}$         この値を印刷せよ
   を計算せよ             を計算せよ

   $b^2 - 4ac \geqq 0 ?$  ── No →  「実解なし」と印刷せよ
         │ Yes
   $b^2 - 4ac = 0 ?$  ── Yes →  $-\dfrac{b}{2a}$ を計算せよ → この値を印刷せよ
         │ No
   $\sqrt{b^2 - 4ac}$ を計算しこれを $k$ とおけ
         │
         → $\dfrac{-b+k}{2a}$ を計算せよ → この値を印刷せよ
         
                「OR」と印刷せよ
         
         → $\dfrac{-b-k}{2a}$ を計算せよ → この値を印刷せよ

                          ┌─────┐
                          │終わり│
                          └─────┘
```

図 178

2次方程式を解くプログラム

A : $begin$ real a, b, c, d, k, u, v, w, x
　　　　read a, b, c
　　　　if $a=0$ then go to B
　　　　$d = b^2 - 4ac$
　　　　if $d \geq 0$ then go to C
　　　　print NOREALSOLUTION
　　　　end

B :　　　if $b=0$ then go to E
　　　　$x = -c/b$
　　　　print x
　　　　end

C :　　　if $d=0$ then go to D
　　　　$k = \sqrt{d}$
　　　　$u = (-b+k)/2a$
　　　　$v = (-b-k)/2a$
　　　　print u
　　　　print OR
　　　　print v
　　　　end

D :　　　$w = -b/2a$
　　　　print w
　　　　end

E :　　　print NOSOLUTION
　　　　end

は宣言文といい，数をあらわす文字の種類と，それらが実数であることをコンピュータに教える．

read a, b, c

は「データテープに入っている a, b, c の値を読み出せ」という命令だ．

if P then go to X

の形の命令は，「もしも P が真ならば X というラベルの命令に飛び，そうでなかったら次の行に移れ」という命令を示す．

他の命令については，説明はいらないだろう．コンピュータは，ジャンプの命令以外は，1行目から順々に実行していく．

これは，プログラムの書き方を説明するための非常に簡単な例にすぎない．いくつかの $\{a, b, c\}$ の特別な値を与えて，プログラムがどのように進行していくかを，自分で確かめてみるとよい．

プログラミングの詳細については，たくさんのマニュアルや参考書がある．

コンピュータの役割

明確に定義された大量の計算が必要なときには，いつでもコンピュータが使えるが，実際にそれを使うべきかどうかは，経済性の問題が関係してくる．コンピュータは非常に高価だし，借りても使用料が高い．その値段に引き合う仕事かどうかが問題だが，今は誰でも手に入り，使いやす

くなった．

　コンピュータはビジネスや政策決定にも使われる．そこでは，たくさんの情報が分類され，整理され，ファイルされる．「コンピュータがまちがえたのです」という言いわけが使われることも多いが，実際は，プログラミングのまちがいが原因である場合がほとんどだ．

　研究者は，たくさんの実験・調査データを処理し，グラフにプロットし，表の形に計算し，統計処理をするために，非常によくコンピュータを使う．解析的方法では解けない方程式も，数値的に解ける．しかし，コンピュータが産み出す情報の洪水におぼれて，その中に無価値のものもたくさん入っていることを忘れてはいけない．もとの計画あるいは実験がまずければ，どんなに莫大な計算をしても役に立つ結果が得られないことはもちろんだ．しかし，コンピュータの能力は絶大だ．蛋白質の構造，遺伝子コード，物理学の素粒子の行動，星の構造などが，コンピュータによって解明された．ロケットで月に人を送れたのも，コンピュータのおかげなのだ．

　純粋数学でも，たとえば，有限群の分類などにコンピュータを使う試みがなされている．しかし，今のところ，コンピュータの計算が役に立つ数学の問題は少ない．コンピュータが使える数少ない問題でも，そのあるものは計算量がものすごく大きく，現代の最高速の計算機でも十分でないほどだ．

　コンピュータの使い道は数値計算だけではない．設計

図を書いたり，チェスをしたり，ある言語を他の言語に翻訳したり，音楽を作曲したり，詩を作ったりする．最近では，創造などの能力を持つ知的コンピュータが研究されている．

そこで，よく繰り返される質問につき当たる．
　　　コンピュータは考えることができるのか．

この答えはもちろん，「考える」という言葉の意味によって変わる．コンピュータは，人間の頭脳機能のある部分を，人間よりもずっと速くずっと正確に行う．ある部分は全くまねできない．しかし「コンピュータにできない仕事を人間がするときに，コンピュータと原理的に異なった特殊な何かをしているか」ときかれれば，私の個人的な意見では，返事は「ノー」だ．

現在のところ，人間の頭脳を複製することはできないし，人間の頭脳と現代のコンピュータとの差異は，牝牛とミルクを運ぶトラックほどのちがいがある．真の知的機械に近いものさえ，決して作れないだろう．しかし，人間の頭脳の機能をはたす機械を作るための障害があるとは思われない．人間の身体は物質からできており，他の物質と同じ法則に支配されている．その点からすれば，人間の身体は，明らかに，一種の機械である．この機械は，想像できないほど複雑な構造を持った素晴らしい機械だ．もしも，人間と同じような動作をする機械を作ることに何か原理的な障害があるとすれば，人間も存在できないだろう．

これは，人間を罐切りのレベルまでおとしめることでは

ない．多くの人達は，人間の行動の複雑さや，感情，創造性，精神の特質などは，物理的法則よりも偉大な何かからもたらされた，と主張している．これは素敵な考え方だ．しかし，これら人間の特性が，物理法則によってもたらされると考える方が，もっと素敵ではなかろうか．それは，人間性をおとしめるどころか，物理学をより高めることになるのだから．

19 現代数学の応用

線形計画法, 素粒子, カタストロフィー

 今まで現代数学全体を, 代数学, トポロジー, 解析学, 論理, 幾何学, 数論, 確率論などの分野に分けて説明してきたが, これらの間に厳密な境界は存在しないし, 分類もかなり恣意的なものだということを知ってもらいたい. デカルトが代数学と幾何学を最初に結びつけたとき, ガロアが群論と方程式を結びつけたとき, アダマールとド・ラ・ヴァレー・プーサンが解析学を使って素数定理の予想をしたとき, 人々はたいへん驚いた. しかし現在では, 解析学の問題がトポロジーの問題に変わり, それが代数学に帰着され, それを使って数論の問題を解く, といったことは珍しくなくなった.

 この本の第1章で「数学の中心的分野」という言葉が使えたのも, この統一性による. 数学のある部分の発展は, すぐに数学全体に影響を及ぼす. 数学全体は調和のとれた有機体ではあるが, 新しく得られた知識と予期される関連との間には, いつもギャップがあるので, この調和はまだ完全ではない.

 この意味で, 数学を応用するということは, 結局のところ数学全体を応用することになる. もしも「応用すると

ころに数学の存在意義がある」という人がいれば，数学のある部分が応用されるという事実によって，数学全体の存在が正当づけられることになる．バイオリンを演奏するときに足を使わないからといって，バイオリニストの足を切りおとしてはいけないように，すぐ引き合わないからといって，群論を捨ててしまうことはできない．

　昔からの慣習で，数学は「純粋数学」と「応用数学」の2つに分けられた．

　純粋数学者の頭は抽象な考えで一杯で，数学のテーマをそれ自身のために研究する．応用には関心がない．応用数学者は，具体的な世界に足をつけて，他の分野に役に立つような研究を進める．

　慣習的な分類は一般にそうなのだが，この分類はあまり適切ではない．数学は非常に広大な対象だから，1人の数学者が研究するのはその小部分に限られている．彼が研究している部分に実社会への応用がなければ，彼は純粋数学者とよばれ，応用があれば応用数学者とよばれる．しかし，純粋数学とよばれている分野の中にも現実世界に応用されるものがたくさんあるし，反対に，応用数学の中にも，実際には役に立たないものがたくさんある．

　これについて，かつて絵筆の数学的理論を研究した人がいたのを思い出す．解ける方程式を作るために，彼は毛の配列は無限半平面をなすと仮定した．だから，彼の理論は，実際の絵筆の製造には役に立たなかったし，また，すでに知っている知識だけで解けるように勝手に方程式を

作ってしまったから，数学的にも価値は少なかった．

このようなわけで，次のように分類するのがよいと思う．

数学　　　　数学の応用

数学者の仕事は，数理的問題を解くための強力な数学を作り上げることだ．いろいろな応用に刺激されて，さらに抽象的な研究が進められ，数理テクニックの基礎や未解決の問題を解くための基礎を作る．第1章でも触れたように，数学の発展とその応用との間には，時間のズレがある．ある時代の純粋数学が次の時代の理論物理学に応用されるかもしれない．応用はもちろん大切ではあるが，あまり近視眼的に見てはいけない．

以下では，現代数学の無数にある応用の中から主要な3つの例をあげる．最初の例は，経済のある種の問題を解くのに線形代数を応用する例だ．

第2の例は，物理学の素粒子論への群論の応用だ．

最後の例は，不連続なプロセスの研究で，これはすでに神経のパルス伝播の研究に役立っているが，一般に生物学や医学への重要な応用が開けると思う．

この最後の理論はまだ非常に新しいので，単なる予想にすぎない面も，たくさんあるし，研究の不十分な点も多い．しかし，解析学の大部分は連続プロセスの研究であること，解析学はこの2世紀の間，すべての理論科学の基礎であったこと，また，物理学，化学，工学，気象学，生

物学, 経済学, 社会学, 政治学, 地理学, 流体力学……などたくさんの分野で不連続プロセスの解明が必要とされていること, などを考えると, その理論が非常に期待されていることは明らかだ.

利益を最大にするには

ある工場で, 2つの部品AとBを作っている. どちらも, 最初は旋盤にかけ, 次にドリルで穴をあける. 1個を処理するのに必要な時間, 旋盤とドリルの1週間当たりの使用時間の制限, および1個の販売利益は, 次の表の通り.

	A	B	全使用時間
旋　盤	3 分	5 分	15 分
ドリル	5 分	2 分	10 分
1個当たりの利益	5 円	3 円	

最大の利益を得るには, AとBを何個ずつ作ればよいか.

いま, 毎週Aをx個, Bをy個作るとする. 旋盤とドリルの使用制限時間を考えると

$$3x+5y \leq 15 \qquad (1)$$
$$5x+2y \leq 10 \qquad (2)$$

という不等式が成り立つ. もちろん

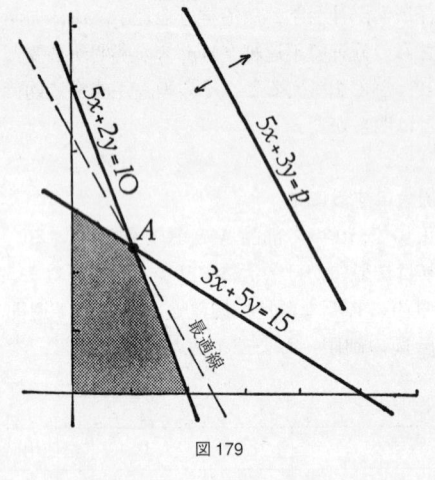

図中: 5x+2y=10, 5x+3y=p, 3x+5y=15, A, 最適線

図179

$$x \geqq 0 \qquad (3)$$
$$y \geqq 0 \qquad (4)$$

で，得られる利益は次のようになる．
$$p = 5x + 3y \qquad (5)$$

(1)〜(4)の不等式の条件のもとで(5)を最大にすることが問題だ．

グラフを使って考える．(3)は点 (x, y) が y 軸の右にあること，(4)は点 (x, y) が x 軸の上方にあること，(1)は点 (x, y) が直線 $3x + 5y = 15$ の下にあること，(2)は点 (x, y) が直線 $5x + 2y = 10$ の下にあることを示す．

そこで条件(1)〜(4)を満足する点 (x, y) は，図179の網の部分に入っている（境界も含む）．

p がある値をとったときの直線
$$5x+3y = p$$
を1つ描き込んでおいた．p が小さくなるとこの直線は左に，大きくなると右に動くが，勾配は変わらない．

(x, y) はこの網の領域上の点しかとれないのだから，問題は，この領域を通る直線の中で p が最大となる値を求めることだ．それは，この直線が網の部分を離れる瞬間，つまり頂点 A を通る場合であることは明らかだ．

A を求めるには
$$\begin{cases} 5x+2y = 10 \\ 3x+5y = 15 \end{cases}$$
から
$$x = \frac{20}{19}, \quad y = \frac{45}{19}$$
そこで，毎週の収益は
$$p = 5 \times \frac{20}{19} + 3 \times \frac{45}{19} = \frac{235}{19}.$$

このようにして，この工場は，19週間について A を20個，B を45個の割合で作れば，利益が最大となる．

これと類似の問題は，ビジネスや国家経済などの場面にもあらわれる．このときは，変数や条件の個数が，非常に多くなる．問題を一般的に述べると，次のようになる．

「連立1次不等式の条件のもとで，未知変数のある1次結合を最大にすること」

この連立方程式は，多次元空間内の1つの領域 R を定

めるが，このとき
 (1) R は凸集合（その中の2点を結ぶ線分が全く R に含まれるような集合）
 (2) p の最大値が存在するときは，R のある頂点 A で最大値をとる
ことが証明できる．

その証明にも，また，p が最大となる頂点 A を求めるのにも，線形代数が使われる．もちろん未知数や条件が多いときには，コンピュータが必要となる．

国家経済のような規模となると，それを完全に記述しようとすると，莫大な数の方程式と未知数があらわれるので，現代の最も速いコンピュータを使っても，完全に処理するのはむずかしい．そこで，ある仮定をおいて方程式を単純化することになるが，そうすると得られた結果もよく検討しなくてはいけない．

以上で説明したテクニックは「線形計画法」とよばれ，経済学の標準的方法だ．くわしいことは，数理経済学の本を見よ〔注 19.1〕．

8 重理論

ある時期の原子論は，非常に単純だった．すべての原子は3種類の素粒子——陽子，中性子，電子——から構成されていると考えられていた．ところが最近の深い研究によって，もっとたくさんの素粒子——ニュートリノ，パイオン，ミューオンなど——の存在が示された．しかし，こ

れらの素粒子をまとまった一かたまりの構造に作り上げる理論が欠けていた.

1964 年に, このような組織を解明するために, 群論がうまく役立つことが発見された. 以下の説明は, その要点だけを極端に圧縮したものだから, 全くのアウトラインで, これでわかった, とは思わないように.

ここで使われるテクニックは「群の表現論」とよばれるものだ. 群 G が与えられたとき, あるベクトル空間 V の線形変換の群 G' が G と同型であるとき, この群 G' (厳密には G と G' との同型) を G の「表現」という.

たとえば,
$$G = \{I, r\}, \quad r^2 = I$$
とする. $V = \mathbf{R}^2$ に選び, 原点を通る直線についてのある鏡映を T とする. I を恒等写像とすると, $\{I, T\}$ は V の線形変換群で, $T^2 = I$ だから, $G' = \{I, T\}$ は G に同型で, G の表現となる.

量子力学によれば, 物体はいろいろの異なったエネルギー状態で存在する. 水素原子は 1 個の陽子と 1 個の電子から成り立っているが, 電子は精密に定まった無限個のエネルギーの値の 1 つをとる. 電子は全エネルギーを一定に保ちながら, 光子を吸収あるいは放出して, ある状態から他の状態に移る.

量子力学の法則を数学的に研究した結果, 物理的対象のとり得る状態は, ちょうど, この対象の対称群の表現に対応することがわかった.

たとえば，空間内の点Pにあって運動する1個の原子は，完全な回転対称性を持っている．その対称群は，3次元空間でPを変えないすべての剛体運動の群$O(3)$だ．剛体運動は線形変換だから，この群自身3次元空間の線形変換群であり，3次元の表現となっている（物理学者は，これを「3重表現」とよんでいる）．

磁場に眼を向けると，この対称性はこわれてしまう．この場の方向は3次元空間内のある直線を定め，対称群はこの直線を固定した回転群$O(2)$となる．そして3重表現$O(3)$は$O(2)$の3つの異なった1次元表現に分解する．分光機で見ると，磁場がないときに存在する単独のスペクトル線が，磁場が働くために近接した3つのスペクトル線に分解していることがわかる．そしてエネルギーを計算してみると，実験によく合っている．

群論のこのような使い方は，量子力学ではよく行われている．それは，1938年にパイオンの存在とその性質を予測するために使われたが，1947年に実験でそれが発見されたとき，予測値とよく合った．

今までに知られた素粒子の中に，他のものよりも桁外れに質量の大きなものがある．それはバリオンと集団名でよばれるグループだ．その中には，中性子n^0，陽子n^+や，もっと神秘的な素粒子Λ（ラムダ），Ξ（グザイ），Σ（シグマ），Δ（デルタ）などが含まれている．それらの素粒子は，定まった質量と電荷を持ち，電荷はいつも基本単位（陽子では$+1$，中性子では0，電子では-1）の整数倍で

図180

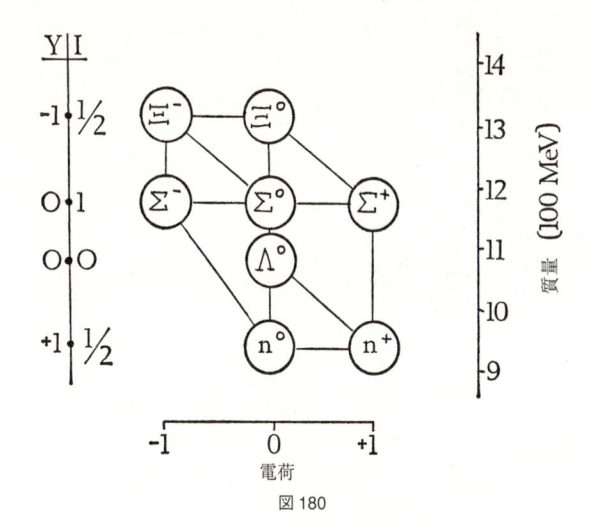

ある．ただし，バリオンには -1 の倍数はあらわれない．

質量や電荷ほど直観的な量ではないが，素粒子には，スピン，アイソスピン，超電荷，ストレンジネス，などの物理量が付随している．

最も普通のバリオンは，2種の Ξ，3種の Σ，単独の Λ，2種の n の8種からなる．それらの質量，電荷，アイソスピン (I)，超電荷 (Y) を図180に示す．

これらは，$SU(3)$ とよばれる群の表現によって組織できる．$SU(3)$ の最も自然な表現は8次元だ．もしも，$SU(3)$ の対称性が不完全なときには，この対称群はある部分群 $U(2)$ に帰着してしまう．そしてもとの8次元の表

図181

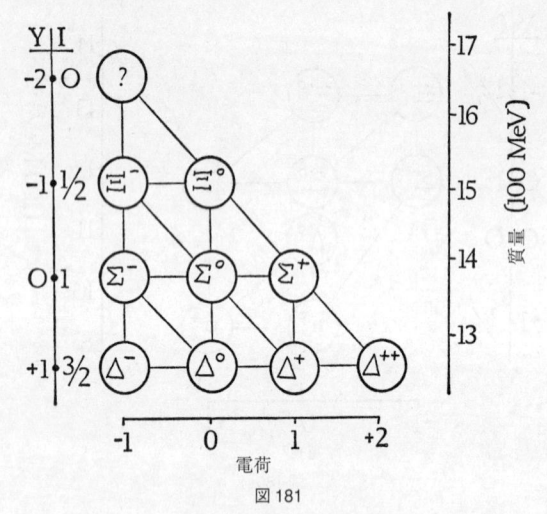

現は，3次元，2次元，2次元，1次元の4つの部分に分解する．これはちょうど上で述べた3種のΣ，2種のΞとn，単独のΛに対応する．

さらにY, I，質量，電荷の観測値は，$SU(3)$理論の予測値とよく一致する．それはさらに，バリオンがあたかも，対称性によって8種にかき乱された1つの素粒子のとる異なった状態とみなせる．

この理論は，「8重理論」とよばれている．

決定的なテストがなされた．$SU(3)$の，図181のような表現は10次元であり，$U(2)$に制限すると，それは4次元，3次元，2次元，1次元の4つの部分に分解する．

そのうちの9つ，つまり4種のΔ，3種のΣ，2種のΞはすでに知られていた（図181）．ここでΣとΞの質量は，図180のときは異なったエネルギー状態にあるので，これとはちがっている．

図中の？の部分は未知の粒子を暗示している．この理論は，その素粒子の電荷は-1，超電荷は-2，アイソトピック・スピンは0，質量は約1700 MeVのはずだと予想した．もしもこのような素粒子が発見されれば，理論の驚くべき勝利だ．

1964年に，特別に工夫された実験装置によって，この素粒子が発見され，Ω^-（オメガマイナス）と名づけられた．

全く抽象的な群論を基礎とした理論が，それまで発見されていなかった素粒子を予測したのだ．

カタストロフィー理論

連続的な原因が連続的な結果を生じるとは限らない．電灯のスイッチをOFFからONにゆっくり連続的に滑らせていっても，電流がOFFからONに突然変わる瞬間がある．スイッチの端のあたりでは，連続的な変化が不連続な結果を生じる．

数学の大部分，そして実際には物理学の大部分も，これまではもっぱら連続的変化を研究してきた．ところが，現代の卓越した数学者の一人ルネ・トムは，不連続変化についての深遠な理論を発見した．これを「カタストロフィー

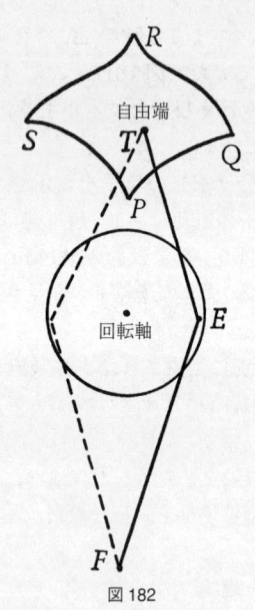

図中ラベル: R, S, T, Q, 自由端, P, 回転軸, E, F

図 182

理論」という〔19.2〕.

この理論の潜在的な応用は,非常に広くまた重要だ.特に,生物学の分野で最も重要だと思われる.胎児の発育の段階では,細胞の分裂,手足の形成,神経や骨格や筋肉の発達など,たくさんの不連続的な変化がある.これらのプロセスが解明されれば,生物学の発展に大きな貢献をするだろう.

このような応用は,可能だとしても,数十年あるいは数世紀先のことかもしれない.しかし今のところ,トムの理

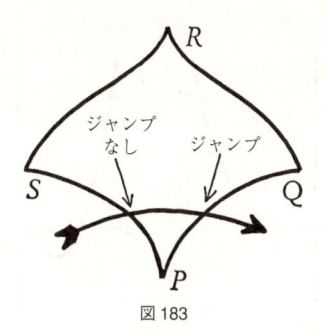

図183で、矢印「ジャンプなし」「ジャンプ」、頂点 R, S, Q, P

論は，不連続現象を解明しようとする唯一の理論だ．

読者は，次に説明するような「ジーマン・マシン」を作っていただきたい（図182）．そうすると，これからの説明がよくわかると思う〔注19.3〕．

横 10 cm，たて 15 cm くらいのボール紙の中央に，半径 5 cm くらいの円板の中心をとめる．これは自由に回転できる．円板のふちに同じ長さの 2 本のゴムひもを固定し，1 本の他端 F を，円板の中心の下方 8 cm くらいの点に固定する．もう 1 本のゴムひもの他端 T はフリーにしておく．この端 T を指で持って，ボール紙の上をいろいろ動かして，E の動きを調べてみよう．

そうすると，T の位置によって，E が 1 つの安定した状態に落ち着く場合と，図182の点線のように 2 つの安定した状態をとれる場合とがあることがわかる．このような臨界点をつなげると，ひし形状の領域 PQRS が得られる．

図184   図185

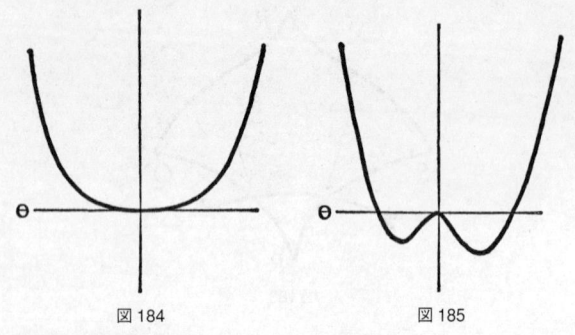

そして T を図183のように連続的に動かしていくと、T が領域PQRSに入るときは円板はそのままでいるが、出るときに、Eが突然ジャンプして位置をかえる。

このような現象が起こる理由は、この弾力棒の内部のエネルギーを調べてみればわかる。ある不均衡状態に無理におさえつけた円板を考える。手を離すと、円板ははね返ってある均衡状態に戻る。これは、ゴムひもの内部に蓄えられたエネルギーを最小にしようとするためだ（もっと厳密にいえば、次に説明するように、エネルギーを安定にするためだ）。

領域PQRSの外部では、エネルギー曲線は、図184のような形をしている。θ は円板の位置を定める角度だ。極小は1つしかないから、円板の均衡状態も1つだ。

領域PQRSの内部では、エネルギー曲線は図185のようになっている。異なる θ について、極小点が2つあり、これらが2つの均衡状態に対応する。

図186

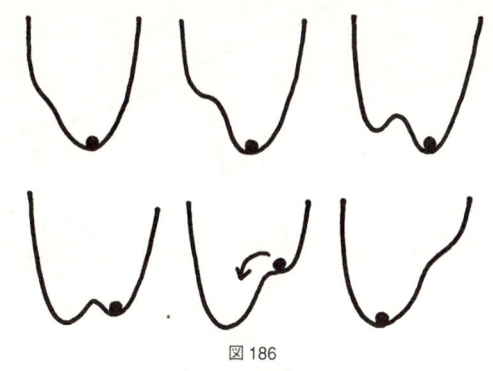

2つの極小点の間に1つの極大点があり，これは事実1つの均衡状態ではあるが，不安定だ．ほんのわずかの刺激でも，エネルギーはそこから極小点に転がり落ちる．それは，ピンが直立するように，理論的にはあり得ることだが，不安定な均衡状態だ．

図183で示した道を追っていくと，エネルギー曲線は図186のような順序で変わっていく．

まず，Eは1つの極小点から出発して，この極小点が存在し続ける限り，連続性の条件によって，始めの極小点にずっと留まっている．ところがこの極小点が消えると，そこに留まっていられず，左へ動いていく．Eは連続的に動こうとするが，制御できない周囲の状態によって，ジャンプさせられる．

このような状況は，自由端の位置や均衡状態を示す3次元のグラフを見ると，もっとはっきりとわかると思う．

図187

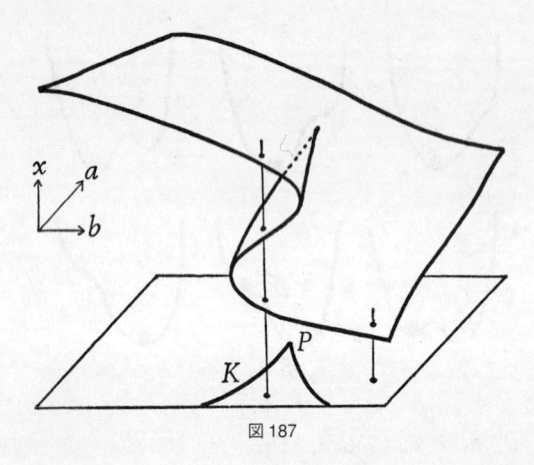

これは図187のようになることが証明されている．

この図には，ひし形領域の一部分と点Pが示してある．領域自身は，図183を回転させて描いてある．くさび形の曲線 K の内部の点の上方には，3つの可能な均衡点がある．1つは最上層に，1つは真中の層に，1つは最下層にあり，真中の均衡点は不安定だ．K の外部の点の上方には，曲面の層は1つしかない．

K を横切る道を追っていくと，円板は最上層に対応する均衡点に留まっていようとする．ところが K を外側に通過すると「ふちから落ちて」，円板はジャンプする．

定量的にいうと，次のようになる．座標系 (a,b) をとり，Pを原点とする．円板の均衡角をあらわす変数を x とすると，a, b, x が小さいときは，ゴムひもの内部のエネ

図 188 極大値 極小値 変曲点

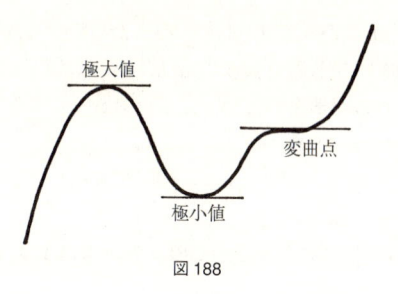

ルギー V は

$$V = \frac{1}{4}x^4 + \frac{1}{2}ax^2 + bx$$

であることがわかる．均衡点を求めるために，このエネルギーの定常値を求めよう．エネルギーのグラフが水平となる点，つまり極大点，極小点，変曲点がいくつかある（図 188）．

微積分を使えば，この定常値は

$$\frac{dV}{dx} = 0 \ \text{すなわち} \ x^3 + ax + b = 0$$

のところで起こる．a, b に特別な値をとらせてこの方程式のグラフをプロットすると，図 187 が得られる．

ルネ・トムは，これを特別の場合として含むような一般的な状況を研究した．彼は，その行動が，変数

$$x, y, z, \cdots$$

で定められ，他の変数

$$a, b, c, \cdots$$

で制御されるような力学系を考えた．変数 $x, y, z, \cdots$ は「行動空間」の座標で，変数 $a, b, c, \cdots$ は「制御空間」の座標だ．この力学系の行動は，ポテンシャルあるいはエネルギー
$$V = V(x, y, z, \cdots; a, b, c, \cdots)$$
によって決まる．

$a, b, c, \cdots$ を固定すると，このシステムは V の定常値に対応する均衡位置をとる．

ジーマン・マシンでは，行動空間は1次元 x，制御空間は2次元 (a, b)，ポテンシャル関数はそこで与えたとおりだ．

V は任意に選べるので，このようなシステムは無限にある．しかしながら，これらの多くは変数変換によって同じものになってしまう．ジーマン・マシンの V で，x を $2X$ に変えると
$$V = 4X^4 + 2aX + b$$
となり，これは前の V とはちがう．しかし，片方がわかれば他方はすぐにわかるから，このちがいは重要ではない．

物理世界のすべての現象は，空間の3変数と時間の1変数の4つの変数でコントロールされている．それだから，現実世界への応用を考えている限り，制御空間が4次元の場合を主として研究すればよい．

トムは，次の驚くべき定理を証明した．

「制御空間が4次元のときは，このような力学系で生

じる,位相的に異なる不連続性は7種しかない.」

すべての物理的不連続性は,この基本的な7種のうちの1つだ.

この7種を「基本カタストロフィー」とよぶ.その名前とポテンシャル V のリストは,次のとおり:

名　前	ポテンシャル V
折り目	$\frac{1}{3}x^3 + ax$
カスプ	$\frac{1}{4}x^4 + \frac{1}{2}ax^2 + bx$
つばめの尾	$\frac{1}{5}x^5 + \frac{1}{3}ax^3 + \frac{1}{2}bx^2 + cx$
ちょうちょう	$\frac{1}{6}x^6 + \frac{1}{4}ax^4 + \frac{1}{3}bx^3 + \frac{1}{2}cx^2 + dx$
双曲臍点	$x^3 + y^3 + ax + by + cxy$
楕円臍点	$x^3 - 3xy^2 + ax + by + c(x^2 + y^2)$
放物臍点	$x^2y + y^4 + ax + by + cx^2 + dy^2$

このリストを見せられても,それらの見かけ上のパターンも,なぜこの7種だけが起こるのかという理由も,さっぱりわからないだろう.事実,トムの証明は,多次元トポロジー,解析学,抽象代数学などの深い研究を使っている――前に言ったように,数学は有機的全体なのだ.したがって,証明は非常にむずかしい.

基本カタストロフィーの幾何学的な形は,非常に美しい.図189は,放物臍点の部分の断面を,コンピュータを使って描いたものだ.

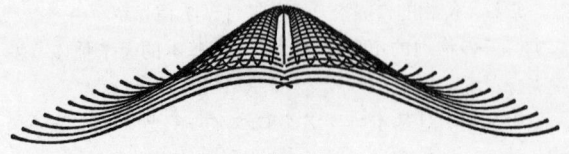

図189

355ページの説明から、ジーマン・マシンは、トムのリストのカスプ・カタストロフィーに対応することがわかる。このカタストロフィーは、生物学の問題にこの理論を応用する例でもある。

生物の細胞は、3次元のドロドロしたかたまりだが、話を簡単にするために、また図を描きやすくするために、無理に2次元として考えよう。したがってこの細胞は、2次元の制御空間の中に生きているものとする。

この細胞の行動は、ある定まった化学物質（塩化ナトリウムでもDNAでもよい。原理は同じことだ）の集中度によって測られるとする。細胞がある不連続変化を経験する——これがわれわれの興味をひく点なのだが——ときには、化学物質の集中度が制御座標に依存するようなぐあいに、あるカタストロフィーが起こるはずだ。考えられるタイプとして、カスプ・カタストロフィーを考える。

時間がたつにつれて、化学物質の集中度は、だんだんと高まってくる。このことは細胞が制御空間の中をゆっくり動いていくことによってあらわせる。図190は、細胞の発達の途中の4つの段階を示す。

細胞の位置は図の下半分に示され、折り重なった曲面は

図190

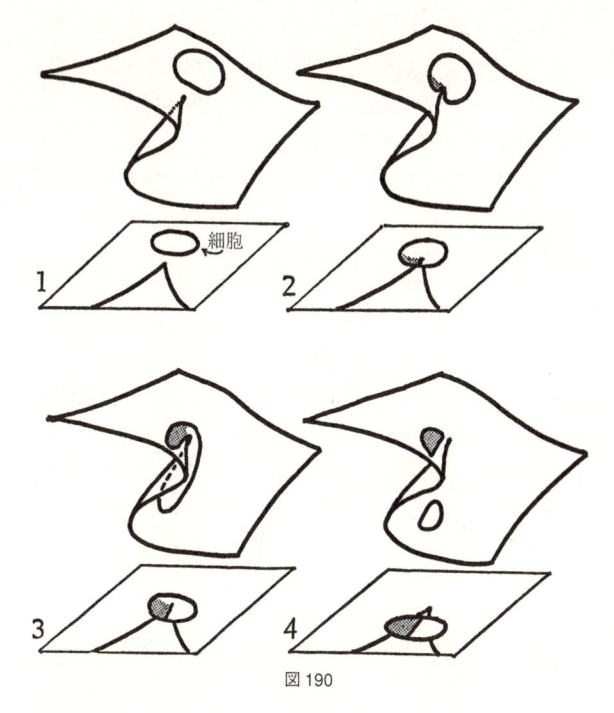

化学的状態をあらわす．最後の図では，細胞を横切る鋭い線があらわれている．この不連続の左側の点は，重複点を左から通過する点で，高い集中度が見られる．右側の点では，集中度は低い．

実際には，この細胞は2つの異なった細胞に分裂する．なぜかといえば，集中度の鋭い不連続が起こり得るのは，

この方法しかないから.

前にも注意したように,これは非常に粗雑な単純化されたモデルで,実際の細胞分裂はこんなに簡単ではない.これは,トムが考察した不連続プロセスの1つで,その各段階は,7種のカタストロフィーのうちの1つによって支配される.

これが

    細胞は,なぜ分裂するか？

という問いの,1つの新しい回答だ.「化学的状態の位相的性質によって,細胞は分裂せずにはいられない」のだ.

胎児の発達をちょっと見ておく.重なり合った化学変化によって分裂を重ねていき,ここには手足,あそこには神経,筋肉,骨格が作られていく.そしてこのプロセスのどのステップも,上の7種のカタストロフィーの1つによって起こる〔注19.4〕.

20 数学の基礎
数学ははたして確実なのか

　天文学者，物理学者，数学者が連れ立って，スコットランドの田舎を旅行していた．列車の窓から外を見ていると，野原の真ん中に黒い羊がいた．天文学者は

　　「スコットランドの羊はみな黒い」

と叫んだ．これに答えて，物理学者は

　　「いや，スコットランドのある羊は黒い」

と言った．ところが数学者は，天を見つめて祈るようにおごそかに言った．

　　「スコットランドには，少なくともその片面が黒い少
　　なくとも1匹の羊がいるような，少なくとも1つの
　　野原がある」

　数学者が研究を進める態度は，おそろしく慎重だ．「正しいにちがいない」と思われる定理があったとする．しかし数学者は，「明らかだ」と思われた事柄が実は誤りであった，という場面に，たくさん出会っている．たとえば，

　　正17角形は作図できるが，正19角形はできない
　　球面を切らずに，内側を外側に裏返すことができる
　　有理数と整数は同じ数だけある

のような，例がたくさんある．その結果，数学者は，どんな定理もそれが証明されるまでは決して信じないようになる．誰が数学者の慎重さをとがめることができようか．

もちろん，すべての数学者がそのように慎重であるわけではないし，その例は現在あるいは過去の大数学者の中にもある．そのような数学者でも，証明してない定理に頼るのは危険だ，ということをよく知っている．しかし，ある定理についての判断を保留するということと，その定理を無視するということとは大いにちがうことに注意しなければいけない．数学を学んでいる学生には「この説明はよくわからない．しかし，しばらくの間わかったことにして，どんな風に進んでいくかを見よう」というやり方が大切だ．先に進むと，それまでのところが自然にわかってくることがある．ステップ毎のあまり細かい点にこだわっていると，自分の足もとを見るのに全努力を集中しすぎて，誤った道を進んでいることに気がつかないことになる．最初は，あまりむずかしいところは素通りしてもよい．かなり先に進んでから，細部をチェックする．

片側が黒く，片側が白い羊などめったにいない．ある羊が，最初に見たとおりであるかどうかは，大した問題ではない．数学者は，苦労して推論を積み上げていくが，それは，ぐらぐらゆれ動く紙の家のようなものだ．1枚を引き抜けば，全体は崩壊してしまう．アメリカの初期の宇宙計画で，何百万ドルもかけたあるロケットが，打ち上げられた直後に爆発したことがあった．コントロールする電子計

算機のテープに，セミコロンが1つ抜けていたためだった．構造が複雑になるほど，ますます，わずかな欠陥に対しても敏感に反応するようになる．

今世紀の始め，数学者はそれまでの数学の基礎に疑念を抱くようになった．「ピラミッド型の組織」というのは現代の流行語だが，数学は，1点で逆さまに支えたピラミッドによく似ている．すべての結果は，最終的にはほんの数個の仮定に依存している．そして，これらの仮定の意義をよく見つめて，できるだけ確実なものにしよう，というのが共通の理解なのだ．

片面が黒い羊

フレーゲは，「数」という概念の厳密な取りあつかいがそれまで全く欠けていたことを認識した．彼の考えは，すべての集合を，同じクラスの集合がすべて同数の元を持つように，クラス分けをすることであった．つまり彼のやり方は，165ページで説明したようなもので，「これらのクラスは数と同じような行動をする．だから，このクラスがすなわち数だ，と言ってもよいだろう」ということだ．実際には，この考えは受け入れられない．むしろ数の存在を公理としたい．フレーゲのように，ある性質を持ったすべての集合の集合を考えることは，ちょっと考えるほど簡単なことではない．このことは，フレーゲがその主論文を書き上げたときに，すでにラッセルが指摘している．

ある大きな図書館の司書を考えよう．棚の上の本の中

には，詩の本のカタログ，レファレンス・ブックのカタログ，数学書のカタログ……などがあるだろう．その中のあるもの，たとえばレファレンス・ブックのカタログの中には（カタログはレファレンス・ブックだから）自分自身がのせてあり，他の本，たとえば詩書のカタログの中には自分自身はのせていない．このことをはっきりさせようと思って，司書は，

「自分自身をのせていないようなすべてのカタログのカタログ C」

を作ろうとする．

カタログ C には，C 自身はのせてあるか？

もしものせてあるとすれば，それは C にのせてあるから，自分自身はのせていないはずだ．

もしものせていないとすると，C は自分自身をのせていないカタログだから，C にのせてあるはずだ．

「村の床屋」の例を思い出そう〔注20.1〕．集合はカタログと同じことで，カタログにのせてある本は元だ．

集合論の言葉に言い換えると，次のようになる．自分自身を元として含まぬようなすべての集合の集合を B とする．B は B 自身の元であるかないか．これからあとは，カタログの推論と全く同じで，どちらを仮定しても他方が導かれてしまう．

そこで，フレーゲが用いた集合論は無矛盾ではない．フレーゲは，全く運のわるいクジを引いたものだ．

唯一の救済策は，フレーゲの素朴な集合論を捨て，無矛

盾な体系をさがすことだ．素朴な集合論では，あまり気ままな操作をさせすぎるので，余分なものまでとり入れてしまう．

2つの救済策

ラッセルのパラドックスを切り抜けるには，議論のルールを変えなくてはいけない．しかし，この新しいルールは，あまり制限的であっては困る．さもないと，パラドックスといっしょに数学を闇に葬ってしまうかもしれない．

前ページの論理がちょっと疑わしいと思われる箇所が2つある．

その第1は，集合を構成する自由度があまりに大きすぎること．もしも B が集合でなければ，B の「元であること」は無意味で，議論はそれ以上進められない．

その第2は，「矛盾による証明」(背理法) に頼っていたことだ．非非 p が p とちがうならば，背理性による証明はこわれてしまう．前ページで証明したことは，「B は B の元でない，かつ，B は B の元でなくはない」だ．p と非非 p がちがえば，後者は前者と矛盾しないことになる．

この主張を擁護する数学者のグループは，直観主義者とよばれ，1930年代に名のりをあげた．彼らの救済策は，排中律 (次ページ参照) を捨てるという非常に激烈なものだった．もしも背理法による証明を追放してしまえば，現代の数学の中の莫大な部分を失ってしまう．直観主義者は

非常な苦心をして、背理法を使わずに数学の一部分を再構成してみて、救われたものが案外多いことに驚いた。しかしそれにもかかわらず、変化が生じた。たとえば、「すべての関数は連続である」。

直観主義者の議論は、次のような筋道に沿って行われる。ちょっと考えると、非非pとpとが同じであること、つまり

$$p \text{ と } \text{非} p$$

の片方、そして片方だけが真であること（これを排中律という）は明白のようだ。確かに、pが有限個の対象をあつかっているときは、原理的には1つ1つ順にチェックしていき、すべての対象がpを満足すればpは真であるし、満足しない対象が1つでもあれば、非pが真だ。

しかし、pが無限個の対象に関係しているときは、もはやこのようにはいえない。いくら多くの対象をチェックしてpが真であることを確かめたとしても、残った対象についてpがどうだかわからない。すべての対象について成り立つような、pの証明あるいは非pの証明を発見しない限り、何ともいえない。たくさんの対象についてpが真だとしても、その理由が対象毎に別のものかもしれない。いわば、「無限の一致」だ。このときは、確かにpを否定することはできない。しかし、無限に長い証明を書き下すことはできないので、pを証明することもできない。

たとえば、ゴールドバッハの予想

「2より大きな偶数は2つの素数の和としてあらわさ

れる」

を考える．これはまだ証明されていないし，否定もされていない．いくつかチェックしてみると

$$4 = 2+2 \quad 18 = 5+13$$
$$6 = 3+3 \quad 20 = 7+13$$
$$8 = 3+5 \quad 22 = 3+19$$
$$10 = 3+7 \quad 24 = 5+19$$
$$12 = 5+7 \quad 26 = 3+23$$
$$14 = 3+11 \quad 28 = 5+23$$
$$16 = 5+11 \quad 30 = 7+23$$

これを見ても，パターンらしきものは認められない．全くパターンがないこともあり得る．それにもかかわらず，予想は真らしい．

この可能性こそ，「pか非pのどちらか片方だけが真だ」という主張が，数学ではなく形而上学に属するものだ，という主張を裏づけるものだ．この命題は，無限個の対象も有限個の対象と同じように振舞うという仮定に基づいている．ところが第9章で見たように，無限は実に奇妙な行動をするのだから，この仮定はどうも疑わしい．

この仮定が誤っているとすれば，ラッセルのパラドックスこそ，まさに，証明も否定もできない定理の1つなのだ．もちろん，「誤っている」という言葉の意味も研究の対象だ．

直観主義者は，

「10^{100}より小さなすべての偶数は，2つの素数の和と

してあらわせる」
という命題の意味は認め，それが真か偽のどちらかであることも認める．しかし，
　　「すべての偶数は，2つの素数の和としてあらわせる」
という命題は，真でも偽でもないかもしれぬ．それらは，新しいカテゴリー——あいまい——という分類に入るのだろう．

　「集合を構成する自由を制限すべきだ」という，もうちょっとおだやかな救済策もある．その理論の1つでは，集合に似た対象を2種類に分ける．まずクラス．これには元があり，素朴な集合と同じように振舞う．しかし，クラスは必ずしも他のクラスのメンバーになれるとは限らない．他のクラスのメンバーになれるクラスを集合という．

　この定義によると，
$$C = \{x \mid x \text{ は性質 } P \text{ を持つ}\}$$
の形で定義されたクラス C は，性質 P を持つすべての集合 x のクラスだ．x が性質 P を持ったとしても，x が集合であることを知らない限り，$x \in C$ は結論できない．

　ラッセルのパラドックスは，次のことを主張している「もしも $B \notin B$ ならば，B は B の元を定義する性質（すなわち，自分自身の元でないという性質）を持つ．そこで，B は B に属する」．上で説明した新しい理論によれば，B が集合でない限り，このような推論はできない．

　つまりラッセルのパラドックスの主張していることは，B が集合でないことの，背理法による証明だ．もしも B

が集合ならば，パラドックスが成り立ち，矛盾となる．

集合でないクラスを「固有のクラス」という．ラッセルのパラドックスは，固有のクラスの存在の証明だ．しかし集合については何もいえない．

集合の存在を確実にする唯一の方法は，それらを公理にすることだ．もちろん，どんな集合論を構成するにしても，たとえば「∅ は集合だ」，「2つの集合の和集合は集合だ」，「2つの集合の共通集合は集合だ」のような単純な公理は必要だ．このようにして，公理論的集合論ができあがる．

フレーゲの素朴な集合論は，現実の対象の行動をモデルとした．現実世界が内部に矛盾を持つとは思われない（それは，人間性に関する他の多くの信条と同様に，あまり根拠のない信念だが）．だから，フレーゲの集合論も無矛盾であることを期待する．しかしそうではない．というのは，それは現実世界を超えたところにさまよっているからだ．

しかしながら，公理論的集合論は決して現実世界の近くに位置を占めることはないだろう．それが数学の基礎として認められる前に，無矛盾性を証明しなければならない．この点では，現実世界からの再保険はきかない．まず，無矛盾性の証明が必要なのだ．

ヒルベルトのプログラム

これを行うためには，まず，無矛盾性の証明に許される

手段を，決定しなければならない．それ自身の無矛盾性が確かめられていない証明法は使えないことは，明らかだ．

ヒルベルトはこの問題に注目した最初の人だが，彼は，完全な証明とは，「いわばコンピュータでもそれを実行できるような形に完全に定められているテクニックの手順」と考えた．あいまいさがあってはいけない．各ステップは完全に明確でなければならないし，偶然性は明確にされていなければならない．

ヒルベルトはまた，証明に使うためには，数学記号に付されたどんな具体的意味付けも無視しなければいけないと考えた．数学とは，紙に書かれた符号をある規則によって動かすゲームのようなものだ．その規則とは，たとえば「符号列 $1+1$ は符号 2 と書き換えられる」といったようなものだ．規則に合った合理的な手でこのゲームをいくら続けていっても，

$$0 \neq 0$$

のような符号の結びつきは，決してあらわれてこないことが示されたとき，しかも有限かつ構成的な方法でこれが示されたとき，無矛盾性の証明ができたことになる．

もしも $0 \neq 0$ という結合が発生すれば，この手順を，$0 \neq 0$ の証明とみなす．そこで公理論的集合論は無矛盾ではない．逆にもしも公理論的集合論が無矛盾でなければ，このゲームの手の列から成る，$0 \neq 0$ の証明がある．

このような示唆とともに，ヒルベルトはこの証明を実行するための完全なプログラムを示した．数学をできるだけ

安定な論理的基礎の上に築くためには，このプログラムを実行することだけが必要だ．

ヒルベルトはまた，もう1つの問題に関心を持った．

「すべての問題は，原理的には解けるのだろうか」

これは，証明できない問題があるとする直観主義者とも関係がある．ヒルベルトのプログラムはまた，この問題にも答えている．ヒルベルトは，ある問題が解けるものか解けないものかを前もって決定するための定まった手順が存在することを示そうとし，これが可能であることを確信した．

ヒルベルトはその時代の世界数学界のリーダーであったが，技術者としての訓練を受けていた若い数学者クルト・ゲーデルは，ヒルベルトの考えはまちがっていると信じた．彼が1930年に発表した論文は，ヒルベルトのプログラムを，破滅におとし入れた．大数学者フォン・ノイマンは，ヒルベルトのプログラムについての一連の講演をしていたが，ゲーデルの論文を読んだとき，ゲーデルの業績の講義をするために，残りの予定を取り消したという．

ゲーデルは，次の2つの定理を証明した．

(1) もしも公理論的集合論が無矛盾ならば，証明も否定もできない定理が存在する．

(2) 公理論的集合論が無矛盾であることを証明する構成的手順は存在しない．

第1の結果は，問題というものが，原理的にさえも，いつも解けるとは限らぬことを示す．第2の結果は，無

矛盾性を証明するためのヒルベルトのプログラムが破滅したことを示す．ヒルベルトはゲーデルの論文のことを聞いたとき，非常に腹を立てたということだ．

その後の研究の発展によって，この破滅はゲーデルが予想したよりも大きいことがわかった．算術の基礎付けを含むほど十分広いどんな公理系も，これと同じ欠陥を持つ．欠陥を持つのは任意の特殊な公理系ではなくて，算術それ自身だ〔注20.2〕．

ゲーデル数

この項と次の項で，ゲーデルの証明のアウトラインを説明する．読者がこれをとばしても，これから先の話の筋道に支障はない．

まず，簡単な問題から始める．記号：
$$+, \ -, \ \times, \ \div, \ (, \ ), \ =,$$
$$0, \ 1, \ 2, \ 3, \ 4, \ 5, \ 6, \ 7, \ 8, \ 9$$
をいくつか結びつけたものを「数学の式」とよぶことにする．数学の式はどのくらいたくさんあるだろうか．

もちろん無限にある．第9章を思い出して，さらにきいてみよう．それは可算無限か非可算無限か．実はそれは可算無限で，整数の集合 N への双射がある．次にそれを示す．

まず，上の17個の記号にコードをつける．

+	1	=	7	5	13
−	2	0	8	6	14
×	3	1	9	7	15
÷	4	2	10	8	16
(	5	3	11	9	17
)	6	4	12		

次に，記号の列にコードをつける．たとえば
$$4+7=11$$
は6個の記号が並んでいるから，6個の素数
$$2,\ 3,\ 5,\ 7,\ 11,\ 13$$
をとり，各記号のコードをベキ指数にのせて掛けると，
$$2^{12}\cdot 3^1 \cdot 5^{15}\cdot 7^7\cdot 11^9 \cdot 13^9$$
これが，「$4+7=11$」という式のコードだ．

このような方法で，各式つまり記号列に正整数を対応させる．

素因数分解の一意性によって，コードから逆に元の記号列を復元できる．たとえば
$$720 = 2^4 \cdot 3^2 \cdot 5^1$$
だから，その列は
$$\div\ -\ +$$
となる（この式は全く無意味だが，記号列であることは確かだ）．

記号列が複雑になるとコードも非常に大きな数となるが，対応は1対1だ．そこで，コードの大きさに記号列

を並べてみれば,それは可算なことがわかる.

公理論的集合論では,記号はさらに

$$\in, \cup, \cap, \{, \}, x, y, z, \cdots$$

などがあるが,全く同じことだ.記号にコードを付け,素数を用いて記号列に正整数をあてる.そこで,公理論的集合論でも記号列の集合は可算無限となる.

ゲーデルの定理の証明

この項では,2つの異なったシステムを考える.

$\mathscr{S}$ 公理論的集合論

$\mathscr{A}$ 普通の算術の体系

システム $\mathscr{S}$ は算術の形式化だ. $\mathscr{S}$ 中の記号で記号列を作る. $\mathscr{S}$ の公理とは,記号列を処理するために許された方法を示す.

$\mathscr{S}$ は,普通の算術記号は $\mathscr{S}$ の中でも普通と同じ意味で使われるように構成されているので,たとえば,記号列 2+2 は次の2通りに解釈できる.

(1) (意味を無視した) $\mathscr{S}$ の中の列として

(2) 算術の式として

さらに, $\mathscr{S}$ で許される変形を行って,たとえば 2+2=4 という記号列が得られれば,それに対応する算術式の列は, $\mathscr{A}$ における 2+2=4 の証明となるだろう.

$\mathscr{S}$ には,ただ1つの数変数 x を含む式,

$$x+1 = 1+x$$
$$x(x-1) = xx-x$$
$$x+x = 43$$

のような記号列がある．この種の列に特に関心があるので，数変数 x を含む列を「サイン」とよぼう．

α をサイン，t を正数とするとき，α の中の x に，t を代入してできる列を $[\alpha:t]$ と書く（t はもちろん，記号 $0,1,2,3,\cdots$ の列と考えている）．たとえば，α がサイン：$x+1=1+x$ で，$t=31$ ならば，$[\alpha:31]$ は記号列 $31+1=1+31$ をあらわす．

すべてのサインはゲーデル数を持つから，その大きさによってサインを並べて，n 番目のサインを

$$R(n)$$

とする．適当に n を選べば，どのサインもある $R(n)$ に等しい．

次に，$[R(n):n]$ が $\mathscr{S}$ で証明できないような，すべての正数 n の集合を K とする．たとえば $3 \in K$ かどうかを知るには，$R(3)$ を見る．これが $x+4=0$ だとし，x に 3 を代入すると $3+4=0$，もしもこれは $\mathscr{S}$ で証明できないならば，$3 \in K$．

さて，$\mathscr{A}$ の式 $x \in K$ は $\mathscr{S}$ で形式化でき，$\mathscr{S}$ のある記号列 S となる．S はただ 1 つの数変数を含むからサインで，個々の n に対して，記号列 $[S:n]$ は算術命題 $n \in K$ の形式的な言い換えだ．

S はサインだから，ある q について $S=R(q)$ となる．

さて，記号列

$$[R(q):q] \qquad (1)$$

は $\mathscr{S}$ で証明不能なこと，しかも同時に

$$\text{非-}[R(q):q] \qquad (2)$$

も $\mathscr{S}$ で証明不能なことを示そう．

もしも(1)が証明可能だとすると，$\mathscr{S}$ は $\mathscr{A}$ の形式化なのだから，(1)の $\mathscr{A}$ における解釈は真だ．そこで，$q \in K$．K の定義によって(1)は $\mathscr{S}$ で証明不能となる．

もしも(2)が $\mathscr{S}$ で証明可能ならば，非-$(q \in K)$ は $\mathscr{A}$ で真だ．そこで $q \notin K$ だから，$[R(q):q]$ が $\mathscr{S}$ で証明不能ということは誤りで，$[R(q):q]$ は $\mathscr{S}$ で証明可能だ．$\mathscr{S}$ は無矛盾と仮定しているのだから，(2)は $\mathscr{S}$ で証明可能ではない．

このようにして，記号列 $[R(q):q]$ は $\mathscr{S}$ で完全に定義された列で，$\mathscr{S}$ で証明することも否定することもできない．これが，ゲーデルの第1定理だ．

整理をしてみると，$[R(q):q]$ は，それ自身の証明不能性を主張していると解釈できることがわかる．$[R(q):q]$ はほとんど，「この定理は証明不能だ」といっているようなもので，「この文章は誤りだ」というのとよく似ている．しかしながら，「この定理は証明不能だ」は $\mathscr{S}$ で形式化できない．$\mathscr{S}$ から $\mathscr{A}$ に行ったり戻ったりしたのは，こういうわけだ．

次に，ゲーデルの第2定理を証明しよう．T を記号列 $[R(q):q]$ とする．これはそれ自身の証明不能性を主張し

ていることを見てきた. $\mathscr{S}$ の無矛盾性を主張する $\mathscr{S}$ の式を W とする. W は $\mathscr{S}$ では証明できないことを示そう.

ゲーデルの第 1 定理によれば,「もしも $\mathscr{S}$ が無矛盾ならば T は $\mathscr{S}$ で証明可能でない」. これを $\mathscr{S}$ で表現すると,「$\mathscr{S}$ は無矛盾だ」が式 W で,「T は $\mathscr{S}$ で証明可能でない」はちょうど T 自身となる. なぜかといえば, T はそれ自身の証明不能性を主張しているのだから. そこで, ゲーデルの第 1 定理を $\mathscr{S}$ で書くと, 次の形となる.

$$W は T を導く.$$

もしも $\mathscr{S}$ で W を証明できたとすると, T の証明ができる. しかし T は証明できないことはわかっているので, W は証明できない. W は $\mathscr{S}$ の無矛盾性を主張しているのだから, $\mathscr{S}$ の中で, S が無矛盾であることは証明できない. これが, ゲーデルの第 2 定理だ.

非決定性

その細部にいたるまで(それは「構成的手順」の意味をしっかり定めたうえで), ゲーデルの定理は, 完全な水ももらさぬ証明だ. 第 2 定理はヒルベルトのプログラムに致命的な打撃を与えたが, 第 1 定理はもっと興味がある. それは,「普通の算術の中には, P も非-P も証明できないような命題 P が存在する」ことを示す. このような命題は「非決定」であるという.

同時に, これはまた部分的には直観主義の弁護でもあるが, それは,「証明可能」を「真」と言い換えたときだけ

だ．そしてゲーデルの証明は，直観主義の数学にも全く同じように当てはまる．

ヒルベルトが提起したいろいろな問題も，算術の無矛盾の問題と同じ道をたどった．
$$x^2+y^2 = z^3t^3$$
のような多項式方程式の整数解を求める問題をディオファントス方程式という．ヒルベルトは，与えられたディオファントス方程式が解を持つかどうかをテストする方法を研究した．ところが，デイビス，パトナム，ロビンソンの研究を引きついだマチャセビッチは，最近，そのような方法は存在しないことを証明した．与えられたディオファントス方程式が解を持つかどうかは，非決定問題らしい．

マチャセビッチの証明の興味ある系として次のことがわかった．

「その変数に正整数を代入するといつも素数となるような，23変数の多項式
$$p(x_1, x_2, \cdots, x_{23})$$
が存在する」

この多項式を，具体的な式で書きあらわすのは原理的にはできるのだが，それは非常に複雑で，実用にはならない．またこれが，素数の理論に使われることもなさそうだ〔注20.3〕．

第9章で，次の問題に触れた．「実数のカーディナル c は $\aleph_0$ のすぐ次のカーディナルか」．これを連続体の仮説という．これを最初にとりあげたのはカントールだが，

ヒルベルトもこれが真であるか偽であるかを研究した．1963年にコーエンは「イエスでもありノーでもある」と解決した．それは集合論の他の公理とは独立であり，連続体仮説は真だという公理をつけ加えても，集合論は無矛盾である（もちろん，出発点とした理論が無矛盾としてのことであるが）．また，連続体仮説が偽であるという公理をつけ加えても，やはり矛盾は生じない〔注20.4〕．

このことは，非ユークリッド幾何の20世紀版であり，非カントール的集合論が作れるわけだ．

エピローグ

おそらく始めから，ヒルベルトのプログラムはうまくゆきそうもないことは明らかだった．それは，自分の靴のひもを持って，自分を持ち上げようとする仕事に，よく似ている．そもそも，絶対的な意味で真である知識などあるだろうか．ゲーデルの仕事の価値は，このような哲学的推測を越えたところにある．それは，算術の無矛盾性を証明する算術的な論理が存在しないことを証明した．

しかしこのことは，算術の無矛盾性を証明する別な方法が見つからない，という意味ではない．事実，ゲンツェンはこれを証明した．それには超限帰納法という手段が使われるが，これ以上はこの本では説明できない．そして，もちろん超限帰納法の無矛盾性には疑問が残っている．

このようにして，数学者の努力にもかかわらず，数学の基礎はまだゆれ動いている．ある日，誰かが，絶対に避け

られない矛盾を発見して，数学の全体系が崩壊するかもしれない．しかしそのときでも，この廃墟のまわりをさまよい歩き，その復興に努力する根気強い数学者が居るにちがいない．

まことに，直観はいつも単なる論理よりまさっている．もしもある定理が優れた内容を持ち，洞察と驚きを与えてくれるならば，些細な論理的欠陥があったからといって，それを全く捨ててしまおうとは，誰も思わないだろう．論理は変えられるという思いはいつもあるが，定理を変えることは好まない．

ガウスは，「数学は科学の女王だ」と言った．私は「数学は科学の帝王だ」と言いたい．この帝王が今のところ完全な着物をつけていないことは確かだが，いつの日か，その廷臣たちよりも豪華な衣裳を身にまとって再登場することと信じる．

注　釈

つけ始めるときりがないが，本文に対するやや立ち入った注釈をつけ，興味を持たれた方々のための勉強案内を記す．[　]は，389ページ以下の参考書の番号を示す．原著者はかなり多くの数学書・論文（もちろん英語など）をあげているが，一般の方には入手しにくいので，邦訳のあるもののみを転載し，それに訳者が補った．万巻の書物の中からの選択であるから，伯楽の眼を持たぬことをおそれるのみ．（訳者）

1.1 集合概念は数学研究上は必須のものだが，初等教育の体系の中に持ち込むのは，その方法が非常にむずかしい．わが国においても，多くの混乱が繰り返されてきた．それについては，[2] の冒頭の論文がよい参考になる．

1.2 2次方程式には中学校で学ぶ根の公式があり，3次，4次の方程式にも，ややめんどうだが，公式がある．しかし一般の5次以上の方程式には，このような根の公式は作れないことが証明されている．これについて，やや専門的ではあるが，この原著者の本 [3] がある．歴史的解説もあり，読みやすい．

2.1 ユークリッドの『原論』は，あまりにも有名だ．[5] はその完訳で，さらに優れた研究が含まれている．

3.1 虚数 i は，現代の高等学校では，$x^2+1=0$ を解くために導入するが，歴史的には3次方程式を解くために考えられた．この間の事情は，もはや歴史的な興味しかないが，関心のある方は数学史の本，たとえば [6] [7] を見られたい．

3.2 この項の内容はほとんど [9] に含まれている．

3.3 （原注）これはアメリカの学校数学での用語で，正しくは「剰余系の代数」という．

3.4 3角形の合同とはちがうが，片方はある正整数の倍数の

ちがいを無視し，他方は剛体運動による位置のちがいを無視するという点で，共通なところもある．

3.5 合同概念と初等整数論については，[8] をすすめる．

3.6 フェルマー素数にまつわる話題については [12] がおもしろい．

3.7（原注） k が 2 のベキでなければ，2^k+1 の形の数は素数ではないことの証明は，むずかしくない．フェルマーは，このことから，F_n の形の数を思いついたのだろう．フェルマーが証明せずに予想したすべての命題の中で，彼が，疑わしいと述べ，また，実際に誤りであることがわかっているのは，これだけである．

3.8 [9] を見よ．

3.9 実際には，素数の判定にはルカス・テストを使う．

4.1（原注） この記号は「要素」を意味する element の頭文字 e に相当するギリシア文字 ε を，記号化したもの．もとの ε を使う本もある．

4.2（原注） これは

「n が 2 より大きな整数のとき
$$x^n + y^n = z^n$$
は，0 以外の整数解 x, y, z を持たない」

というもので，フェルマーの最終定理とよばれている．$n=2$ のときは，
$$3^2 + 4^2 = 5^2, \quad 5^2 + 12^2 = 13^2$$
のような無数の解がある．この定理は 1994 年にワイルズによって証明された．[15] にくわしい．

4.3（原注） ある段階では，$\emptyset$ を 0，$\{\emptyset\}$ を 1，$\{\emptyset, \{\emptyset\}\}$ を 2 と定義する．この意味では，「0 と $\emptyset$ はちがう」というのが全く正しいともいえない．しかし，ここではそれはちがうと考える立場だ．

4.4（原注） 記号 ≦ は，数の不等号 ≦ の変形だ．⊂ を ≦ の意味に使うこともある．数学の専門書では，この方が多い（日本の高校の教科書は本書と同じ用法）．

4.5（原注） N (natural n.), R (rational n.), C (complex n.) の由来は，明らかだ．Z はドイツ語の Zahl（数）から，Q は quotient（商）からとった．N の代りに P (positive) を使うこともある．

4.6 ブール代数は，電子計算機の論理回路の設計に応用される．ブール代数はまた，集合を離れて，それ自身が代数系として研究され，深い理論が作られている．これについては [16] を見よ．

4.7（原注）「循環論法」というゲームがある．まず，辞書から1つの単語を勝手に選び出す．その定義の中から1つの単語を選び，また，その単語の定義の中から1つの単語を選び出す．これをどんどん続けていき，できるだけ短いステップで元の単語に戻ることを競争する．

5.1「中へ」は into,「上へ」は onto である．into はよいが，onto という英語はあまり日常的に使われないので，数学用語と思えばよい．

5.2 注5.1を見よ．

5.3（原注）「対応規則」のようなあいまいな用語をさけて，純集合論的に定義するには，次のようにする．

$D \times T$ の部分集合 S が

(1) 任意の $x \in D$ に対して，$(x, y) \in S$ のような $y \in T$ がある

(2) $(x, y) \in S$, $(x, z) \in S$ ならば $y = z$ を満足する

とき，この S は D から T への1つの関数を定めるという．

これが，前にのべた関数の条件を満足していることは，容易にわかる．

6.1 ギリシア数学の三大難問については，[6] あるいは [7] を見られたい．

6.2 リンデマンは，1882 年にこのことを証明した．[14] を見よ．

6.3 複素数によく慣れていない人は，たとえば [17] を見よ．また，以下でいちいち引用しないが，この本は本書と並行して読まれると，よい参考になる．

7.1（原注） コンウェイの「位数 8315 55361 30867 20000 の群について」という論文がある．この乗算表を作ることは不可能だ．数学者は，ますます大きな群を作ることに努力していると早合点してはいけない．この群が重要なのは，位数が大きいからではなくて，別の特徴のためだ．

7.2 平面上の対称は 17 種しかないことは，[19] にくわしく説明してある．多くの図と写真を用いて，非常に興味ある説明がしてあり，有名な本だ．

7.3 この証明も，[19] にある．

8.1 ユークリッドの幾何学の詳細については，注 2.1 で触れた [5] が唯一のものである．

8.2（原注） 現実世界では，これらの点はどんどん接近していくので，もはや区別することはできない．しかし，代数的にチェックすることはできる．簡単のために，半径方向を考え，Γ の半径を d とする．Γ の本当の内部の点の中心からの距離 e は，$e < d$．そこで，中心から $\frac{1}{2}(d+e)$ のところの点は確かに Γ の内部にあり，しかも e より遠い．

$$d - \frac{1}{2}(d+e) = \frac{1}{2}(d-e) > 0$$

$$\frac{1}{2}(d+e) - e = \frac{1}{2}(d-e) > 0$$

だから．

8.3 [17] にやさしく丁寧に書いてある．

9.1 くわしくは，[20] を見よ．

9.2 [21] を見よ．

10.1 以下この章の話は，いちいちその箇所を引用しないが，[19] の6章にほとんど含まれている．

10.2 表面の膜は非常に薄く，対象は剛体とすると，次の3種のタイプとなる：A, E, G, I は球面，C, D, F はトーラス，B と H はダブルトーラス（2重トーラス）だ．実物のように，A, D, E, I の中は空とすると，もっと種類がふえる．A, E, I は空の球，G は中のつまった球，C, F は中のつまったトーラス，D は空のトーラス，B, H は中のつまった2重トーラス．こじつけかもしれないが，パンの中のあわの数を考えると，もっとたくさんの種類が生じる．

10.3（原注）物理学者ガモフは，おもしろいSFを書いた．そこの宇宙は，方向付け不可能なので，主人公は，製革産業を改革しようとするのだが，彼の身体の蛋白質も鏡像に移ってしまい，混乱を生じる．

現実世界が，方向付け可能かどうかを知るのはむずかしい．方向付け可能性は，トポロジストが大域的性質とよんでいるもので，この空間全体を外からながめなければ，発見することはむずかしい．

10.4 [19] を見よ．（原注）メビウスの帯は，局所的には，円柱とよく似ている．その上のどの点でもその近くを考える限り，両方とも同じだ．宇宙は大きすぎるので，その大域的性質について知っていることは少ない．しかし，第8章の終わりのあたり（162ページ）で説明した天体観測が正しいならば，宇宙は方向付け不可能である．

11.1 ネットワークの理論は，各方面への応用と関係して，最近特に関心を集めている．これについては，[22]，[23] など

が参考になる.

11.2 数世紀来の難問「4色問題」は，1976年にアメリカのアッペルとハーケンによって肯定的に解決された．これについては，その歴史的経過とともにくわしい解説が [24] にある．

12.1 曲面の分類と標準曲面の構成法については，[19] に多くの図による説明がある．

13.1 群・群の類別・ホモトピー群などについては，[23]，[25] などを見よ．

13.2（原注） もう1つの重要な代数的不変量に「ホモロジー群」がある．その初期の数値的な面は「ベッチ数」とよばれていた．

14.1 高次元空間の多胞体・正多胞体，オイラー-ポアンカレの公式については，[19] がくわしい．

15.1（原注） 線形代数のテキストは実にたくさんある．[2] が説明が上手で読みやすい．[26] もたいへんやさしくていねいだ．

15.2（原注） [17] を見よ．

16.1 この章は堅い話なので，くわしいことは微積分の教科書を見なければならない．微積分の教科書は百数十点もあるそうだが，入門的なものを [27]，[28] としてあげておいた．なお [29] もよい本だ．

16.2（原注）「いくらでも望むだけ小さく」とか「十分大きな」のようなちょっとあいまいに思われる表現には，実は精密な意味がある．「いくらでも望むだけ小さく」ということは，「任意の正数 ε に対して，$|b_n - l|$ を ε より小さくできる」ということだ．そうするためには，n をある数 N（これは ε のとり方に依存する）より大きくしなければならない．このようにして，b_n が l に収束するということの正確な定義は，次の通り．

任意の実数 $\varepsilon > 0$ に対して，正整数 N が存在して，$n > N$ な

らば
$$|b_n - l| < \varepsilon$$
となる．

16.3（原注） いろいろなパラドックスが示すように，無限級数の項が入れ換えられるためには，ある条件がいる．収束するというだけではいけない．

16.4（原注） 注 16.2 と同様に，「$f(x)$ が点 x で連続」という正確な定義は，次の通り．

任意の実数 $\varepsilon > 0$ に対して，実数 $\delta > 0$ が存在して，
$$|x - p| < \delta$$
ならば
$$|f(x) - f(p)| < \varepsilon$$
となる．

17.1 確率は具体的な場面と関係が深いので，興味ある問題がたくさんある．また，統計との関係も大切だ．これらについて，[32], [33] をあげておく．

17.2（原注） たとえば，1直線から1点をランダムに選ぶ実験を考えてみるとよい．2 とか π とか特別な数が選び出される確率は 0 だが，それらが決して出ないというわけではない．

18.1 コンピュータおよびそのプログラミングの進歩は日進月歩であるから，この章の記述には修正を要する箇所が多い．[34] は，練習問題もたくさんあり，わかりやすい．

19.1 線形計画法の簡単なものは，高校の数学でもあつかわれるようになった．くわしい説明は，[35] を見よ．

19.2 カタストロフィー理論については，[38] を見られたい．

19.3 ジーマン・マシンについては，[38] にくわしく説明してある．

19.4 この章であげた以外の，現代数学の他各方面への応用

については,[37]が非常におもしろい.

20.1 (原注) 「自分自身のヒゲをそれない人のヒゲをそれ」といわれた人は,自分のヒゲをそるのか,そらないのか.

20.2 ゲーデルの理論のやさしい解説書は[39]がよい.

20.3 (原注) すべての素数を生成する公式,あるいは少なくとも素数だけを生成する公式は,実に長い間探し求められてきた.たとえば,フェルマーは
$$2^{2^n}+1$$
を考えたし,オイラーは
$$n^2-79n+1601$$
を考えた.この式は,$n=0,1,2,\cdots,79$ までは素数を生成するが,$n=80$ のとき合成数となる.また,「公式」という言葉の意味をごまかして使う試みもなされた.

そのような公式は,素数の研究にはとても使えそうもない.一般に公式というものは,単純な非形式的な定義よりも,ずっとあつかいにくい.マチャセビッチの結果は,素数が式であらわされるという表現の単純さよりも,むしろその多項式の複雑さに驚くべきだ.

20.4 (原注) 実際ゲーデルは,連続体仮説が真であると仮定しても,集合論に矛盾が生じないことを証明した.

参　考　書

　本書のテーマは数学全般に亙っているので，参考書を挙げるとなると，日本で出されている数学書全部ということになりかねない．そこで，各テーマ毎に，適当と思われる数冊のみを挙げた．それらには，さらに進んだ勉強への道が示してある筈である．

　なお，すでに絶版になったものの中でも「ちくま学芸文庫 Math & Science」で復刊されているものも多いので，読者の入手の便を考えて，そちらを挙げた．

[1] 彌永昌吉『数学のまなび方』．ちくま学芸文庫．
[2] ソーヤー（芹沢正三訳）『現代数学への小道』．岩波書店．
[3] スチュワート（永尾汎監訳，新関章三訳）『ガロアの理論』．共立全書．
[4] アルティン（寺田文行訳）『ガロア理論入門』．ちくま学芸文庫．
[5] 中村幸四郎ほか訳・解説『ユークリッド原論』．共立出版．
[6] 武隈良一『数学史』．培風館．
[7] 上垣渉『はじめて読む数学の歴史』．ベレ出版．
[8] 和田秀男『数の世界』．岩波書店．
[9] 芹沢正三『素数入門』．ブルーバックス．
[10] 高瀬正仁『ガウスの数論』．ちくま学芸文庫．
[11] 芹沢正三『数論入門』．ブルーバックス．
[12] レイド（芹沢正三訳）『ゼロから無限へ』．ブルーバックス．
[13] ベル（田中勇，銀林浩訳）『数学をつくった人びと』．ハヤカワ文庫．
[14] 秋月康夫『輓近代数学の展望』．ちくま学芸文庫．
[15] シン（青木薫訳）『フェルマーの最終定理』．新潮文庫．

[16] グッドステイン（赤摂也訳）『ブール代数』．培風館．
[17] ソーヤー（東健一訳）『数学のおもしろさ』．岩波書店．
[18] コクセター（銀林浩訳）『幾何学入門』．ちくま学芸文庫．
[19] ヒルベルト，コーン＝フォッセン（芹沢正三訳）『直観幾何学』．みすず書房．
[20] ラッセル（平野智治訳）『数理哲学序説』．岩波文庫．
[21] ガリレオ（今野武雄・日田節次訳）『新科学対話』．岩波文庫．
[22] 本間龍雄『グラフ理論入門』．ブルーバックス．
[23] 野口廣，釜江慶子『グラフ理論』．筑摩書房．
[24] 一松信『四色問題』．ブルーバックス．
[25] 野口廣『トポロジー』．ちくま学芸文庫．
[26] ソーヤー（髙見穎郎，桑原邦郎訳）『線形代数とは何か』．岩波書店．
[27] 遠山啓『微分と積分』．日本評論社．
[28] 田村二郎『微積分読本』．岩波書店．
[29] 遠山啓『無限と連続』．岩波新書．
[30] ラング（芹沢正三訳）『ラング線形代数学』．ちくま学芸文庫．
[31] ハフ（国沢清典訳）『確率の世界』．ブルーバックス．
[32] 国沢清典『確率論とその応用』．岩波全書．
[33] ダイアモンド（内山守常訳）『統計に強くなる』．ブルーバックス．
[34] 冨田博之，齋藤泰洋『Fortran 90/95 プログラミング』．培風館．
[35] 二階堂副包『経済のための線型数学』．培風館．
[36] 有本卓『数学は工学の期待に応えられるのか』．岩波書店．
[37] 若山正人編『技術に生きる現代数学』．岩波書店．
[38] 野口廣『カタストロフィーの話』．NHK ブックス．

[39] ナーゲル, ニューマン（林一訳）『ゲーデルは何を証明したか——数学から超数学へ』. 白揚社.
[40] 砂田利一『バナッハ・タルスキーのパラドックス』. 岩波書店.

索 引

―あ―
アインシュタイン 162
アダマール 338
穴 235
アルゴル 331
アレクサンダー 194

―い―
位数（群の） 134
位相空間 184
位相同型 184
1対1の対応（双射） 95

―う―
ウィルソンの定理 59
渦 197
宇宙船 260
裏返し証明法 38
運動の幾何学 22
運動の合成 34

―え―
エネルギー 345, 352, 354
エルミート 179
円 242
円周率（π） 115, 178

―お―
オイラー 14, 55, 296, 388
オイラーの公式 205, 211, 218
―― （一般の） 218
オイラー標数（標準曲面上の） 224
―― （平面上の） 220
オイラー‐ポアンカレの公式 264
応用数学 339
同じように期待される 305
折り目（カタストロフィーの） 357

―か―
解空間 277
回転 33, 127, 281
―― 対称 128, 130
ガウス 48, 380
―― の記号 89
可換環 105
可算 172
カスプ（カタストロフィーの） 357
カタストロフィー理論 349
カーディナル 171
壁紙模様 140
加法（カーディナルの） 171
―― （自然数の） 166
―― （剰余類の） 49
ガモフ 385
ガリレオ 171
ガロア 338
環 105
―― （集合の） 106
―― （多項式の） 106
関数 86, 91
―― の合成 98

完全性（公理系の） 151
完全平方数 50
カントール 170, 179
完備性（実数の） 295

―き―

木（ネットワークの） 228
記号列 373
基本カタストロフィー 357
基本群 241
逆関数 100
逆元（加法の） 102
―（乗法の） 108, 131
鏡映 34
共通集合 70
行列 278
―の積 280
極限（確率の） 305
―値（数列の） 291
極大双対木 229
曲面（閉曲面） 219
距離 32, 249
ギリシア数学の難問 109, 115
均衡状態 352

―く―

空集合 65
組み合わせ確率論 306
クライン 140
―のつぼ 191, 220, 258
クラス 368
群 130, 152, 239
―の表現 345

―け―

結合法則（加法の） 102
―（関数の） 98

―（乗法の） 102
ゲーデル 371
―数 372
―の第1定理 371, 376
―の第2定理 371, 376
ケーレー 278
元（集合の） 61
ゲンツェン 379
原論（ストイケイア） 22

―こ―

交換法則（加法の） 102
―（乗法の） 102
高次元空間 248
合成関数 97
剛体運動 32
合同（整数の） 48
―（図形の） 20
―式 49, 116
―類 116
恒等運動 127
恒等関数 99
行動空間 356
公理 145
―系 146
―論的確率論 305
―論的集合論 369, 371
コーエン 379
コーシー 296
5次の代数方程式 109
ゴム膜の上の幾何学 182
ゴールドバッハの予想 366
コンウェイ 384
コンピュータ 319
―の構造 328

—さ—

サイコロのパラドックス　310
細胞　358
サイン　375
作図　109
差集合　76
座標　27, 82
3角形分割可能　219
3重表現　346

—し—

次元　278
実数　175
ジーマン・マシン　351, 358
射影平面　193, 221, 246
ジャンプ　296, 353
終域　91
集合　12, 61, 364, 368
　——の代数　61
収束　291
16-胞体　252
種数（曲面の）　221
シュレーダ-ベルンシュタインの定理　173
循環論法（ゲーム）　383
順序対　84
純粋数学　18, 339
乗法（自然数の）　168
　——（カーディナルの）　171
　——（剰余類の）　49
証明　369, 375
剰余系　47
所属表　73
除法（剰余類の）　50
シローの定理　135
真空論法　66, 68

—す—

数　166
　——の加法　166

—せ—

制御空間　356
正12面体　135, 140
正多角形の作図　115
正多胞体　251
正多面体　251
生物学　358
ゼノンのパラドックス　26
ゼロ元　102
線形計画　344
線形変換　275, 284, 346
全射　95

—そ—

双曲幾何　161
双曲臍点　357
相空間　260
双射　95, 164, 171
双対地図　229
素数　53, 115, 373, 378, 388
　——性の判定　59
ソーヤー　160, 281
ソリテール（ゲーム）　121
素粒子　346

—た—

体　108
対応規則　383
大小（カーディナルの）　173
対称（図形の）　127
　——群　144, 346
代数学の基本定理　198
代数的数　108, 178

代表元　116
楕円幾何　161
楕円臍点　357
多面体　251
単位元　102, 131
　——を持つ環　105
単射　95
単側　188

　　　　—ち—
値域　91
地図　204
　——の塗り分け（球面の）　212
　——　（トーラスの）　218
　——　（標準曲面の）　233
　——　（平面の）　211
中間値の定理　300
超越数　178
ちょうちょう（カタストロフィーの）　357
頂点（ネットワークの）　201
超立方体　252
直線（座標幾何の）　83
直観主義者　365

　　　　—つ—
つばめの尾（カタストロフィーの）　357
つむじの定理　195

　　　　—て—
ディオファントス方程式　378
定義域　91
デカルト　338
　——積　85, 168
デブルーイン　122
点（座標幾何の）　83

　　　　—と—
同型（位相空間の）　184
　——　（群の）　138
同等（集合の）　171
独立性（確率の）　309
　——　（公理系の）　153
ドジソン　26
ドーナツ　183
トム　349
ド・モルガンの法則　80
ド・ラ・ヴァレー・プーサン　338
トーラス　184, 193, 197, 216, 221

　　　　—な—
流れ図　331

　　　　—に—
2項確率　312
2項定理　316
2次方程式　330
24-胞体　252
2進法　320
2等辺3角形　23
ニュートン　316

　　　　—ね—
ネットワーク　201

　　　　—の—
ノイマン　371
濃度　171

　　　　—は—
パイオン　346
排中律　366
背理法　149, 176, 365
8重理論　348

発散 291
ハーディ 149
パラドックス 26, 287, 310, 365
バリオン 346

―ひ―

非決定性 377
120-胞体 252
表現（群の） 345
標準曲面 221, 227
ヒルベルト 150, 370
　――のプログラム 371

―ふ―

フェルマー 388
　――数 54
　――の定理 58, 382
複素数 119
ふち 188
部分群 133
部分集合 67
部分体 110
普遍集合 77
フーリエ級数 89
振子 259
ブール 80
　――代数 80, 383
フレーゲ 364, 369
プログラム 329
フローチャート 331
分裂（細胞の） 359

―へ―

平行移動 33
平行線 148
平面（座標幾何の） 83
　――ネットワーク 202

ベクトル空間 283
ベルンシュタイン 173
辺（ネットワークの） 201
変換 29
　――の代数 38
ベン図 71
変数 86

―ほ―

ポアンカレ 241, 264
方向付け可能 191
方向付け不可能 191
放物臍点 357
補集合 76
ポテンシャル 356
ホモトピー 239
　――群 265
　――類 241
ボールベアリング・コンピュータ 323

―ま―

巻き数 243
マチャセビッチ 378

―み―

道（ネットワークの） 203

―む―

無限級数 285
無限集合 171
結び糸 258
無定義用語 82
無矛盾性 369
　――（公理系の） 150

—め—
メビウスの帯 186, 191, 192, 385
メモリー 328

—も—
モデュラー算術 43
モデル（公理系の） 151
―― （ユークリッド幾何の） 155

—ゆ—
有限確率空間 309
有理数のカーディナル 173
有理数の不完備性 302
ユークリッド幾何 20
ユークリッドの公理 147

—よ—
曜日の算術 45
4次元空間 189, 193, 251
4次元図形 253
4色問題 210

—ら—
ラッセルのパラドックス 368

ランダム・ウォーク 316

—り—
リーマン 161
リュービル 179
量子力学 345
両側 191
リンデマン 115, 179

—れ—
連結（ネットワークの） 203
連続（関数の） 185, 297
―― 性 295
―― 体仮説 378
連続的な変形 182
連立方程式 267

—ろ—
600-胞体 252
論理 14

—わ—
和集合 70

本書は、一九八一年三月二十日、講談社より刊行された。

現代数学の考え方

二〇一二年三月十日　第一刷発行

著　者　イアン・スチュアート
訳　者　芹沢正三（せりざわ・しょうぞう）
発行者　熊沢敏之
発行所　株式会社筑摩書房
　　　　東京都台東区蔵前二-五-三　〒一一一-八七五五
　　　　振替〇〇一六〇-八-四一二三
装幀者　安野光雅
印刷所　大日本法令印刷株式会社
製本所　株式会社積信堂

乱丁・落丁本の場合は、左記宛に御送付下さい。
送料小社負担でお取り替えいたします。
ご注文・お問い合わせも左記へお願いします。
筑摩書房サービスセンター
埼玉県さいたま市北区櫛引町二-六〇四
電話番号　〇四八-六五一-〇五三一〒三三一-八五〇七

©SHOZO SERIZAWA 2012 Printed in Japan
ISBN978-4-480-09437-7　C0141